走进大学
DISCOVER UNIVERSITY

什么是对称学？

SYMMETRY:
A VERY SHORT INTRODUCTION

[英] 伊恩·斯图尔特　著

刘西民　李风玲　译

大连理工大学出版社
Dalian University of Technology Press

SYMMETRY: A VERY SHORT INTRODUCTION, FIRST EDITION was originally published in English in 2013. This translation is published by arrangement with Oxford University Press. Dalian University of Technology Press is solely responsible for this translation from the original work and Oxford University Press shall have no liability for any errors, omissions or inaccuracies or ambiguities in such translation or for any losses caused by reliance thereon.

Copyright © Joat Enterprises 2013

简体中文版 © 2024 大连理工大学出版社
著作权合同登记 06–2022 年第 204 号
版权所有 • 侵权必究

图书在版编目（CIP）数据

什么是对称学？ /（英）伊恩·斯图尔特著；刘西
民，李风玲译． -- 大连：大连理工大学出版社，2024.10
书名原文：Symmetry: A Very Short Introduction
ISBN 978-7-5685-4561-7

Ⅰ．①什… Ⅱ．①伊… ②刘… ③李… Ⅲ．①对称—
研究 Ⅳ．① O342

中国国家版本馆 CIP 数据核字 (2023) 第 123903 号

什么是对称学？ SHENME SHI DUICHENXUE?

出 版 人：苏克治
策划编辑：苏克治
责任编辑：王　伟　张　泓
责任校对：李舒宁
封面设计：奇景创意

出版发行：大连理工大学出版社
　　　　　（地址：大连市软件园路80号，邮编：116023）
电　　话：0411-84708842（发行）
　　　　　0411-84708943（邮购）　0411-84701466（传真）
邮　　箱：dutp@dutp.cn
网　　址：https://www.dutp.cn

印　　刷：辽宁新华印务有限公司
幅面尺寸：139mm×210mm
印　　张：7.125
字　　数：136千字
版　　次：2024年10月第1版
印　　次：2024年10月第1次印刷
书　　号：ISBN 978-7-5685-4561-7
定　　价：39.80元

本书如有印装质量问题，请与我社发行部联系更换。

出版者序

　　高考，一年一季，如期而至，举国关注，牵动万家！这里面有莘莘学子的努力拼搏，万千父母的望子成龙，授业恩师的佳音静候。怎么报考，如何选择大学和专业，是非常重要的事。如愿，学爱结合；或者，带着疑惑，步入大学继续寻找答案。

　　大学由不同的学科聚合组成，并根据各个学科研究方向的差异，汇聚不同专业的学界英才，具有教书育人、科学研究、服务社会、文化传承等职能。当然，这项探索科学、挑战未知、启迪智慧的事业也期盼无数青年人的加入，吸引着社会各界的关注。

　　在我国，高中毕业生大都通过高考、双向选择，进入大学的不同专业学习，在校园里开阔眼界，增长知识，提升能力，升华境界。而如何更好地了解大学，认识专业，明晰人生选择，是一个很现实的问题。

　　为此，我们在社会各界的大力支持下，延请一批由院士领衔、在知名大学工作多年的老师，与我们共同策划、组织编写了"走进大学"丛书。这些老师以科学的角度、专业的眼光、深入浅出的语言，系统化、全景式地阐释和解读了不同学科的学术内涵、专业特点，以及将来的发展方向和社会需求。

　　为了使"走进大学"丛书更具全球视野，我们引进了牛津大学出版社的 *Very Short Introductions* 系列的部分图书。本次引进的《什么是有机化学？》《什么是晶体学？》《什么是三角学？》《什么是对称学？》《什么是麻醉学？》《什么是兽医学？》《什么是药品？》《什么是哺乳动物？》《什么是生物多样性保护？》涵盖九个学科领域，是对"走进大学"丛书的有益补充。我们邀请相关领域的专家、学者担任译者，并邀请了国内相关领域一流专家、学者为图书撰写了序言。

　　牛津大学出版社的 *Very Short Introductions* 系列由该领域的知名专家撰写，致力于对特定的学科领域进行精练扼要的介绍，至今出版700余种，在全球范围内已经被译为50余种语言，获得读者的诸多好评，被誉为真正的"大家小书"。*Very Short Introductions* 系列兼具可读性和权威性，希望能够以此帮助准备进入大学的同学，帮助他们开阔全球视野，让他们满怀信心地再次起航，踏上新的、更高一级的求学之路。同时也为一向关心大学学科建设、关心高教事业发展的读者朋友搭建一个全面涉猎、深入了解的平台。

综上所述，我们把"走进大学"丛书推荐给大家。

一是即将走进大学，但在专业选择上尚存困惑的高中生朋友。如何选择大学和专业从来都是热门话题，市场上、网络上的各种论述和信息，有些碎片化，有些鸡汤式，难免流于片面，甚至带有功利色彩，真正专业的介绍尚不多见。本丛书的作者来自高校一线，他们给出的专业画像具有权威性，可以更好地为大家服务。

二是已经进入大学学习，但对专业尚未形成系统认知的同学。大学的学习是从基础课开始，逐步转入专业基础课和专业课的。在此过程中，同学对所学专业将逐步加深认识，也可能会伴有一些疑惑甚至苦恼。目前很多大学开设了相关专业的导论课，一般需要一个学期完成，再加上面临的学业规划，例如考研、转专业、辅修某个专业等，都需要对相关专业既有宏观了解又有微观检视。本丛书便于系统地识读专业，有助于针对性更强地规划学习目标。

三是关心大学学科建设、专业发展的读者。他们也许是大学生朋友的亲朋好友，也许是由于某种原因错过心仪大学或者喜爱专业的中老年人。本丛书文风简朴，语言通俗，必将是大家系统了解大学各专业的一个好的选择。

坚持正确的出版导向，多出好的作品，尊重、引导和帮助读者是出版者义不容辞的责任。大连理工大学出版社在做好相关出版服务的基础上，努力拉近高校学者与读者间的距离，尤其在服务一流大学建设的征程中，我们深刻地认识到，大学出版社一定要组织优秀的作者队伍，用心打造培根铸魂、启智增慧的精品出版物，倾尽心力，服务青年学子，服务社会。

"走进大学"丛书是一次大胆的尝试，也是一个有意义的起点。我们将不断努力，砥砺前行，为美好的明天真挚地付出。希望得到读者朋友的理解和支持。

谢谢大家！

苏克治

2024年8月6日

译者序

　　对称性是客观世界中相当普遍的现象，是世界的和谐与美，也是大自然的秘密。事实上，世界上的很多变化与纹理织构往往是由对称性破缺引起的，包括宇宙的形成、物种的起源、生物多样性及丰富多彩的分子结构等。

　　早在1800年，数学家引入了一种形式的对称理论：群论。它是抽象代数的一个分支，其概念首先出现在方程理论中。对称性是数学乃至整个科学领域中一个非常重要的概念，其应用几乎遍及各个学科。例如，对称性控制着晶体的结构，无数类型的图案形成，系统如何随参数的变化改变其状态。基础物理学也受自然法则中的对称性支配。总之，对称性这一重要概念几千年来一直影响着艺术和哲学，同时在数学和其他学科都有着重要应用，包括原子物理学和动物学等。

　　伊恩·斯图尔特（Ian Stewart）所著的《什么是对称

学？》是一本讨论数学、科学、自然界和艺术中的对称性的极具通俗性的畅销书。这本书主要探索数学等科学中最重要的概念——对称性，研究对称性在数学、物理学、化学和生物学中的作用，并探讨对称性的科学应用。

作者详细介绍了对称性的各种类型和具体表现方式。对称性具有高度的视觉性，其应用包括动物的外在、运动，进化生物学，弹性屈曲，波浪，地球的形状，以及星系的形式。作者揭示了对称性的深层含义，并展示了对称性如何在当前统一相对论和量子理论的探索中所发挥其重要作用。作者也借助了大量的插图，详细讨论了这些特殊表现形式下对称性所暗藏的抽象数学思想，本书不愧为探讨对称性的各种应用及其重要性的一部启发性力作。

本书适合数学、物理学和化学等专业的学生，以及希望了解对称性的普通读者阅读。

刘西民　李风玲

2024年7月

目　录

引　言

对称是一个极其重要的概念。对于对称形式的迷恋似乎是人类与生俱来的偏好，几千年来，它一直影响着艺术和自然哲学的发展。最近，对称的概念在数学等科学中变得不可或缺，其应用范围从原子物理学一直覆盖到动物学。阿尔伯特·爱因斯坦（Albert Einstein）提出"自然法则在所有地点和所有时间都应该是相同的"，这一原则构成了基础物理学的基础，并要求这些自然法则具有相应的对称性。但几千年来，"对称"一词只是对形状和结构规律性的非正式描述。主要的例子是双边或镜像对称——例如，人的身体和面部看起来几乎是左右对称的。有时，该术语也被用于形容旋转对称，例如海星的五重对称或雪花的六重对称。这一阶段的研究重点是对称作为形状的几何属性，但有时这个词也具有隐喻意义。例如，在社会纠纷中，双方应该以同样的方式被对待。直到这个概念变得精确，对称性的更深层次的含义才被发现。自此，数学家和其他领域的科学家有了一个坚实的基础来研究对称性如何影响我们生活的世界。

对称正式的概念并非来自艺术学、社会学或几何学。它的主要来源是代数学，是从代数方程解的研究中产生的。如果代数公式的某些变量可以互换而其值不改变，则称该代数公式具有对称性。在 19 世纪初，以尼尔斯·亨里克·阿贝尔（Niels Henrik Abel）和埃瓦里斯特·伽罗瓦（Evariste Galois）为首的几位数学家，试图求解五次的一般方程。他们以两种相关但不相同的方式证明了这种方程不能用任何传统类型的公式（"根式"）求解。两人都分析了这种解与方程根的对称函数之间的关系，并由此得出一个新的代数概念：置换群。

数学家们在适应这一新概念的过程中经历了停顿后，很快发现与置换群非常相似的结构出现在许多不同的数学领域，而不仅仅出现在代数学领域。这些领域包括复变函数理论和纽结理论。出现了更抽象的群的定义，一个新的学科——群论由此诞生。起初，这一领域的大部分工作都是关于代数的，但菲利克斯·克莱因（Felix Klein）指出在任何特定类型的几何中，有意义的概念与该几何所基于的变换群之间具有深刻联系。这种联系使得定理可以从几何学的一个领域转移到另一个领域，并统一了当时日益分散的几何——欧氏几何、球面几何、射影几何、椭圆几何、双曲几何、仿射几何、反演几何和拓扑几何。

几乎同时，晶体学家意识到，可以使用群论并根据晶体原子晶格的对称性对不同类型的晶体进行分类。化学家开始了解分子的对称性如何影响它们的物理性质。通过一般定理可将机械系统的对称性和伟大的经典守恒量（如能量和角动量）连接起来。

对称性是一个高度视觉化的主题，具有许多应用方向，例如动物标记、运动、波浪、地球的形状和星系的构成等。它是物理学中相对论和量子理论这两个核心理论的基础，并为正在进行的寻找包含这两个理论的统一理论提供了一个起点。这使得该主题成为本书选题的理想选择。本书旨在讨论对称学的历史起源、它的一些关键数学特征、它与自然界中的模式（包括生物体）的相关性，以及它在模式形成和基础物理学中的应用。

故事从与日常生活相关的简单对称示例开始。这些示例带来了巨大的突破：人们认识到物体不仅具有单一对称性，还具有多重对称性。这些示例是使物体保持不变的变换。对称还可扩展到更抽象的领域，例如数学方程和代数结构，并由此引申出群的一般概念。我们将陈述和解释该领域的一些基本定理，但不提供证明。

接下来，我们将介绍几种不同类型的对称——平移、旋转、反射、置换等。这些变换结合起来，生成了许多对称结构，这些结构在数学和科学中至关重要：循环群和二面体群、带状群、晶格、平面群、规则固体和晶体群。轻松起见，我们将讨论如何将群论应用于一些熟悉的游戏和谜题：十五谜题、魔方和数独。

凭借对对称性的精妙理解，我们研究了自然界的模式，尤其是日常生活中熟悉的模式，发现它们都可以通过对称来描述和解释。这些模式包括水晶、水波、沙丘、地球的形状、螺旋星系、动物标记、贝壳、动物运动和鹦鹉螺壳。它们激发了对称性破缺的概念，这是一种通用的模式形成机制。

更深入地，我们研究了对称性对数学物理基本方程的深远影响。力学方程的对称性（现在被概念化为李群）通过诺特定理与基本守恒定律密切相关。单李群是一类重要的李群，可以完全分类。李群出现在相对论和量子力学中，为寻找统一场论——所谓的万物理论，如弦理论——提供了一个切入点。

对数学物理学至关重要的群以令人惊讶的方式反馈到对称性的数学基础中。对它们的研究构成了 20 世纪数学伟大成就之一的关键部分：所有有限单群的令人惊叹的分类。这些群实际上是交错群：它们是单李群的有限类似物，其中实数或复数被有限域取代，并加上了一些巧妙的变化；还有 26 个令人费解的"散在"群，最终形成了一个真正非凡且极其庞大的群，即大魔群。

第一章
什么是对称性?

三个无聊的孩子在渡轮上玩游戏打发时间。这是一种不需要任何道具的传统游戏：石头剪刀布。孩子们用手在背后做出形状，然后拿出来比较：石头可以磨钝剪刀；剪刀可以剪开布；布可以包住石头。

在远处的沙滩上，浪花翻滚，在到达岸边时破碎，如同无穷无尽的平行水脊。

夏日的一场阵雨过后，半边天空笼罩着一层厚厚的灰云。在另一半天空的灿烂阳光的照耀下，一道彩虹划过天空。

一个小学生骑着自行车顺着马路缓缓前行。

他停下来观看渡轮靠岸。他感到内疚，因为他应该去做关于等腰三角形的几何作业。像之前的几代小学生一样，他对等腰三角形定理感到困惑。为什么底角相等？对他来说，欧几里得（Euclid）的证明太过晦涩难懂。

***

笔者把欧几里得这个名字放在这里，是想暗示这些日常生活中的场景蕴含着某种数学内容。事实上，以上五个场景都有一个共同的主题：对称性。孩子们的游戏是对称的：无论孩子做出什么选择，他们都没有一方占优势或劣势；沿着海滩翻滚的浪花是对称的，它们看起来都非常相似；彩虹美丽且比例优雅。这些属性通常与隐喻意义上的对称相关联，但它也具有更真实的对称性，即彩虹弧线是圆形的，而且圆确实非常对称——这可能就是古希腊哲学家认为圆是完美形状的原因；自行车的每个轮子都是一个圆，正是圆的对称性使自行车得以运转，形式的完美是主观的，与力学无关，但对称性至关重要；小学生试图理解一位古希腊数学家的思维方式，但他很沮丧，因为他还没有意识到欧几里得证明中隐藏的对称性——整个问题可以简化为一个单一的、明显的陈述，如果他能够像欧几里得那样思考的话。

笔者已经多次使用"对称"这个词，但还没有解释它是什么——现在还为时过早。这是一个简单而微妙的概念。从这些例子中可以得出一个通用的定义，但是现在，让我们从最简单、最直接的例子开始，依次分析每一个例子。

自行车

为什么轮子是圆形的？因为圆可以顺滑地滚动。当轮子在平面上滚动时，连续的三个位置如图1所示。轮子从上一个位置到下一个位置旋转了一个角度，但从图1上看，不同位置的轮子并没有区别。我们可以看到轮子发生了移动，但看不到轮子本身有任何变化。然而，如果我们在轮圈上做一个标记，则会看到它已经旋转了一个与行驶距离成正比的角度。轮子具有圆的对称性：轮圈上的每个点到中心的距离都相等，因此它可以沿平面滚动，并且中心始终保持在同一高度——也就是放置轮轴的地方。

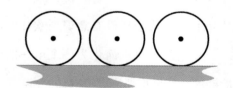

图1　轮子在平面上滚动时，连续的三个位置

圆形轮子也适用于凹凸不平的表面，只要这些凹凸比较平缓或足够微小。如果我们有机会重新设计道路，那么圆形对称既不是平稳滚动的必要条件，也不是其充分条件。当道路呈一系列倒置的悬链线时，如图2（a）所示，尽管运动速度有点不稳定，但方形车轮工作得相当好，事实上，给定任何形状的轮子，都存在一条让它可以保持水平行驶的道路。①
以具有恒定宽度的非圆形形状作为轮子并不是一个好的选择，但却是很好的滚轮。最简单的方法是通过从等边三角形的顶点摆动圆弧来构建，如图2（b）所示。

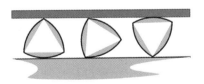

（a）适合方轮的道路　　　（b）任何宽度恒定的曲线都可以用作滚轮

图2　特殊的轮子

---

① Leon H，Stan W. Roads and wheels [J]. Mathematics Magazine，1992，65：283－301.

彩虹

彩虹为什么是这个样子？每个人都关注彩虹的颜色，我们都知道：一滴水就像一个三棱镜，将白光分成其组成的颜色。但是形状呢？为什么彩虹是由一系列亮带组成的，在天空中形成一个巨大的拱形？忽略彩虹的形状就像只解释蕨类植物为什么是绿色的，但不解释它为什么是这种形状。

对彩虹的主流解释存在的主要问题是，尽管每个液滴形状不像一个棱镜，但作用与之相似。彩虹由散布在很大空间中的数百万个液滴组成。为什么这些彩色光线不会互相阻挡，变成浑浊的模糊图案？为什么我们会看到一条集中的光带？为什么不同的颜色会如此泾渭分明？

答案在于穿过球形液滴的光的几何形状。（需要了解几何学相关原理，你才能明白为什么液滴虽然没有尖角，却仍然能像棱镜一样工作。）想象一下来自太阳的一束紧密的平行光线，遇到一个小液滴。每条光线实际上都是许多不同颜色的光线的组合——正如三棱镜实验所示——所以如果一开始只考虑一种颜色，就可以简化问题。入射光在液滴内部反弹并反射回来。这个过程出奇复杂,但形成彩虹的主要特征是光线射到液滴的前面,穿过液滴内部并被水折射,然后射到液滴的背面并被反射,最终再次从前面射出,并被进一步折射。这并不像从棱镜的一个面进入并从相反的面射出那么简单。

此过程的几何原理如图 3 所示,入射光线位于通过太阳中心与液滴中心连线的平面内,该连线是整个光线系统的旋转对称轴。主要特征是两条焦散线,光线都与其相切。焦散是光线集中的地方,是一种聚焦效果。焦散的意思是"燃烧",体现了穿过镜片的阳光会对皮肤造成灼伤。一条焦散线位于液滴内部,称为"内焦散线";另一条在液滴外部,称为"外焦散线"。外焦散线是与对称轴成特定角度的直线的渐近线。因此,对于每种颜色,液滴发出的大部分光都以与对称轴成特定角度的方式聚焦。因为光线系统是旋转对称的,所以出射光线非常接近于一个明亮的圆锥体,以下用"圆锥体"代指出射光线。

当我们看彩虹时,我们看到的大部分光线来自那些圆锥体恰好与我们的眼睛相遇的液滴。简单的几何学表明,这些液滴位于另一个圆锥体上,我们的眼睛位于圆锥体的尖端,指向的方向与液滴发出的锥形光正好相反，其轴线是太阳与我们眼睛的连线。所以我们看到的是一个圆锥体的横截面，也就是一个明亮的圆弧（地平线挡住了下半部分）。其他液滴并没有把它遮住，因为它们的光几乎都没有射入我们的眼睛。

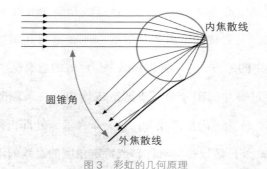

图 3 彩虹的几何原理

有色带是怎么回事？它们的出现是因为折射角取决于光的波长。不同的波长对应不同的颜色，折射后会产生大小略有不同的圆弧。对于可见光，角度大致在 40°（蓝色）和 42°（红色）之间。这些圆弧都具有位于对称轴上的相同的中心。彩虹还有很多种类，例如，较为常见的是位于主彩虹之外的次级彩虹，它不那么明亮并且颜色顺序相反。这是由在液滴内多次反弹的光线产生的，其整体形状是液滴和整个光线系统旋转对称的结果。下次你看到彩虹时，不要只想到三棱镜，还要想到对称性。

海浪

实际上，在海滩上翻滚的波浪彼此并不完全相同，但在某些情况下它们很接近，例如，在非常平静的海面上柔和泛起的涟漪。波的简单数学方程再现了这种涟漪的模式：它们具有规则的周期解。在最简单的模型中，将空间限制到一维并假设波高很小，波就是以恒定速度移动的正弦曲线（图4）。

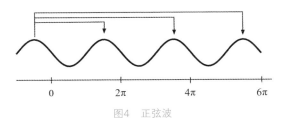

图4 正弦波

正弦曲线具有图中箭头所示的重要对称性：它们具有周期性。任意一个角加上2π，它的正弦值不变。即

$$\sin(x + 2\pi) = \sin x$$

因此，在任何时刻，如果将整个波沿 2π 或 2π 的任何整

数倍的距离滑动，则波的空间模式看起来将完全相同。而"看起来完全相同"是对称性的特征之一。

行波还具有另一种对称性：时间对称性。如果波以速度 c 传播，则其在时间 t 的形状为 $\sin(x-ct)$。在时间 $2\pi/c$ 之后变为 $\sin(x-2\pi)$，等于 $\sin x$。因此在 $2\pi/c$ 的任何整数倍的时间后，其空间模式看起来是一样的。这就是为什么每个连续的波看起来都与前一个相同。

事实上，正弦波具有更多的对称性：它在移动时保持相同的形状。如果将波向侧面滑动任意量 a 并等待时间 a/c，因为 $\sin(x+a-ca/c)=\sin x$，就会呈现出刚开始时的形状。这种时空对称性是行波的特征。

石头剪刀布

在前面的例子中，对称性与几何学相关联。然而，对称性不需要与任何视觉因素有关。石头剪刀布的对称性非常清晰，每个人都会立即意识到，即游戏的公平性。三种出招策略都"站在同一起跑线上"。一个孩子无论选择什么，另一个孩子都有一个击败他的选择、一个输给他的选择，以及一个会导致平局的与之相同的选择。

在更正式的意义上，石头剪刀布是一种博弈。1927 年，20 世纪最伟大的数学家之一、计算机科学的先驱约翰·冯·诺依曼（John von Neumann）发明了一种简单的经济决策模型，称为博弈论。他在 1928 年证明了关于博弈论的一个关键定理，这导致了新成果的爆炸式增长，最终在与奥斯卡·摩根斯特恩（Oskar Morgenstern）合著并于 1944 年出版的《博弈论与经济行为》中达到顶峰。该书引起了媒体的轰动。

在冯·诺依曼设定的最简单的版本中，一个游戏需要两个玩家来玩。每个玩家都有一组特定的可用策略，并且必须选择其中一个。两个玩家都不知道对手会选择什么，但他们都知道他们的收益和损失——即回报——取决于他们做出的选择之和。将其应用在经济中，则一个玩家可能是制造商，另一个可能是潜在客户。制造商可以选择生产什么商品和收取什么价格，客户可以决定是否购买。

为了引出基本的数学原理，想象一下这两个玩家多次重复同一个游戏，在每次重复时都会做出新的战略选择——就像渡轮上玩石头剪刀布的孩子一样。平均而言，哪种策略能够产生最大收益或最小损失？总是做出相同的选择显然不是一个好主意。如果一个玩家总是选择出剪刀，那么另一个玩家每次都可以通过发现前者的行为模式并选择出石头来获胜。因此，冯·诺依曼开始考虑混合策略，包括一系列随机选择，每个选择都有固定的概率。例如，1/2 时间选择出剪刀，1/3 时间选择出布，1/6 时间选择出石头，三种选择都是随机的。他的基本结果是极小极大定理：对于任何博弈，都存在一种混合策略，允许双方同时使他们的最大损失尽可能小。这个定理已经被猜想了一段时间，但它需要被证明，而冯·诺依曼给出了第一个证明。他说："如果没有这个定理，就不可能有博弈论……在极小极大定理被证明之前，我认为没有什么值得发表的。"

上面的混合策略不符合极小极大定理。如果一个玩家有一半的时间选择出剪刀，那么另一个玩家可以通过更频繁地选择出石头而不是布来提高获胜的概率。我们可以利用博弈的对称性找到极小极大定理。粗略地说,极小极大定理必须具有相同的对称性。我们都可以猜到这一点,但是仍需通过一些细节来证实这个猜测。

可以使用一种混合策略来进行证明,其中玩家选择出石头的概率为 r,出布的概率为 p,出剪刀的概率为 s。用 (r, p, s) 表示这个策略并假设它是极小值或极大值。我们将借助游戏的对称性来推断 r,p 和 s 的值。

首先,我们需要一个收益表,称其为收益矩阵。赢一场得 1 分,输一场得 -1 分,平局得 0 分,如图 5 所示。

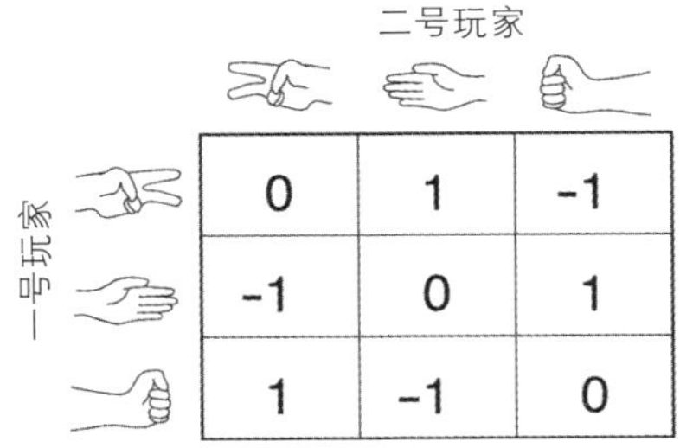

图5 一号玩家在石头剪刀布游戏中的收益矩阵

如果设 (r, p, s) 是玩家 1 的极小极大策略,那么 (p, s, r)

也是极小极大策略。事实上，（s，r，p）也是极小极大策略，但我们不使用它。要了解原因，请想象一下用电视剧《星际迷航》的"外星文"代替中文来描述（表1）：

表1 石头、布、剪刀的"双语"对照表

中文	外星文
石头	payppr
布	syzzrs
剪刀	roq

　　游戏规则在两种语言下的表述是一样的。用外星文来说：payppr 击败 roq，roq 击败 syzzrs，syzzrs 击败 payppr。无论我们使用哪种语言，收益矩阵看起来都一样。因此，这种语言变化的效果就是循环使用如图6所示的策略。由于策略（r, p, s）和（p, s, r）始终具有相同的平均收益和损失，因此很明显，如果其中一种是极小极大策略，另一种也是。

　　通常只有一种极小极大策略。在此不讨论技术细节，但对于石头剪刀布来说，确实如此。所以两种混合策略是一样的：

$$(r, p, s) = (p, s, r)$$

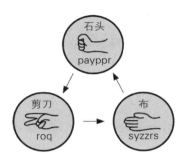

图6 循环策略(箭头表示"击败")

这意味着 $r = p = s$。但是玩家必须从三种形状中选择一种,所以概率之和为 1,即

$$r + p + s = 1$$

因此 r,p 和 s 都等于 1/3。简而言之:石头剪刀布的极小极大策略是以相等的概率随机选择每种形状。

正如前文所说,我们可以猜到这一点,但我们现在知道为什么它是真的,以及需要通过哪些定理来证明这一点。论证的数学框架忽略了问题的许多细节。相反,它侧重于以下的一般原则:

（1）问题是对称的。

（2）因此任何解都意味着存在与之对称的解。

（3）解是唯一的。

（4）因此对称的解都相同。

（5）因此我们要求的解本身是对称的，这就决定了每种选择概率的大小。

"驴桥"

欧几里得关于等腰三角形底角相等[①]的证明是相当复杂的。其绰号"驴桥"的来源可能是因为它的图类似于一座桥（图7），以及它作为通向更深层次定理的桥梁的隐喻地位。另一个更无厘头的说法是，许多学生在过桥时被要求停了下来。

以下是欧几里得对该定理的证明。笔者做了一些改动，使用了更简单的语言，大大缩短了论证过程。这里用通常的方式将"相等""角度"和"三角形"缩写为（=，∠，△）。三角形的相等就是我们现在所说的"全等"——具有相同的形状和大小。

———————

① 等腰三角形定理也称为驴桥定理。

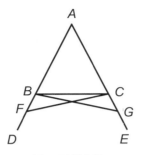

图7 驴桥定理

设△ABC为等腰三角形，AB = AC。

延长AB和AC，得到BD和CE。往证∠ABC = ∠ACB。

为了证明这一点，在BD上取点F，在AE上取点G，使AG = AF。连接FC和GB。现在AF = AG，AC = AB。△AFC和△AGB包含一个公共角∠FAG。因此△AFC = △AGB，所以FC = GB。其余的角对应相等：∠ACF = ∠ABG，∠AFC = ∠AGB。

因为AF = AG且AB = AC，所以余下的BF = CG。考虑△BFC和△CGB，现在FC = GB，∠BFC = ∠CGB，而底BC是两个三角形的公共边。因此△BFC = △CGB，所以它们的对应角相等。因此∠FBC = ∠GCB，∠BCF = ∠CBG。

由于证明了 $\angle ABG = \angle ACF$，而 $\angle CBG = \angle BCF$，所以它们的差 $\angle ABC = \angle ACB$，即 $\triangle ABC$ 的底角相等。

证毕。

这到底是怎么回事？欧几里得的推理背后的思想是什么？

线索是所有的事物都是以左右对称的形式出现的。边 AB 和 AC 开始了这一过程；我们要证明相等的底角则结束了这一过程。F 和 G 是对称的；FC 和 GB 也是对称的；所有被证明相等的角也是对称的。欧几里得汇集了足够多的相等的角对得出所要证明的 $\angle ABC = \angle ACB$ 的结论。这也是一对对称的关系。图8说明了主要步骤，显示了整个过程的对称性。

欧几里得看似杂乱的证明就像一个数学故事，这是一个令人难忘的、有洞察力的证明。从现代的角度来看，其基本思想是等腰三角形具有镜像对称性。如果你在经过它的顶点的垂线上反射它，它看起来和反射前一样。由于此操作需要交换底角，它们必须相等。

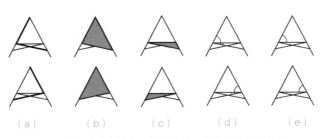

图8　在每对垂直图中，标记的线、角和三角形都相等

欧几里得为什么不使用这种方法证明呢？他没有提及对称性。他得到的最接近对称的概念是全等三角形。他一步一步地建立起他的几何学，而一些对我们来说显而易见的概念在他的书中还没有出现。因此，他没有将三角形翻转过来与它的镜像进行比较，而是构建了线和角的镜像对来完成同样的工作，用全等三角形来证明所需的等式。

具有讽刺意味的是，有一种非常简单的方法是使用全等三角形来证明该定理，而无须添加任何额外的辅助线。观察到 $\triangle ABC$ 与 $\triangle ACB$ 全等。两组对应边相等（$AB = AC$，$AC = AB$），夹角 $\angle BAC$ 和 $\angle CAB$ 也相等，因为它们是同一个角。

不过，欧几里得并不这么认为。对他来说，$\triangle ABC$ 和

△ACB是同一个三角形。他需要将三角形定义为有序的三条线段。但他是用图像来思考，这种抽象层次对他来说是不存在的。并不是说他做不到这一点，而是他的文化视角不允许他这样做。

***

现在我们已经看到，各种对称性自然地出现在数学和我们周围的世界中，并且它们的存在往往可以简化计算，激发对自然的洞察力或简化证明思路。我们还能看到，在数学上，对称可以是一种形状（圆形、波形），也可以是一种抽象结构（石头剪刀布）或一种反射（驴桥）。对称性的物理含义可以应用于空间、时间及两者的组合，或者应用于更加抽象的概念，如概率或矩阵。

笔者还没有解释对称性是什么。这个词似乎适用于多种多样的语境，这表明准确的定义可能是难以解释的。然而，这些例子主要表明对称性不是什么。它不是一个数字，不是一个形状，也不是一个方程式。它不是空间，也不是时间。它可能是你无法正式确定的那些隐喻性或判断性的想法之一，就像"美"。然而，事实证明，存在一个有用的、精确的对称性概念，其范围足以涵盖我们之前的所有示例和更多其他例子。甚至还有更一般的对称性概念存在，这个概念并不神圣，但它非常强大且有用，是基础数学、应用数学、数学物理、化学和许多其他科学分支的学科标准。

在谈到圆的对称性时，我们可以用两种方式来描述它。一种描述是：每个点到圆心的距离都相等。另一种描述是：如果你将圆旋转任意角度，它看起来都与开始时完全一样。第二种描述是对称性正式定义的关键。

什么是旋转？从物理上讲，它是一种通过改变物体的方向而不改变其形状来移动物体的方法。从数学上讲，它是一种变换——"函数"的另一种说法。变换是一个规则 F，它将任何适当的"事物" x 关联到另一个"事物" $F(x)$ 上。"事物"可能是数字、形状、代数结构或过程。

对于当前示例，假设 x 是圆上的一个点，我们用更传统的符号 θ 代替 x。想象一个平面中的单位圆。在圆上通过 θ 所在的角度指定一个点。如果将圆旋转一个直角会怎么样？这时点 θ 以 $\theta + \pi/2$ 的角度移动到一个新点。所以这个特定的旋转可以使用变换 F 来定义，其中：

$$F(\theta) = \theta + \pi/2$$

在这些术语中，"圆看起来与开始时完全一样"是什么意思？圆上的每个点都移动了——它们转过了一个直角。但是所有旋转点的集合与原始集合完全相同——一个单位圆。变化的是我们如何用角度标记这些点。

更一般地，通过一般角度 α 的旋转对应于（事实上，根据定义，"是"）变换

$$F_a(\theta) = \theta + \alpha$$

它将相同的角度 α 加到表示圆上点的角度 θ 上。同样，所有旋转点的集合与原始集合完全相同。因此我们说圆在所有旋转下都是对称的。

***

我们现在可以定义对称性。

某些数学结构的对称性是该结构的一种特定类型的变换，它使结构的特定属性保持不变。

有一个技术条件：只允许可逆变换，即可以逆转（反转）的变换。所以我们不能将整个圆压缩成一个点。旋转是可逆的：

旋转 α 的逆是旋转 $-\alpha$；即反向旋转相同的角度。

如果对称的定义看起来有点模糊，那是因为它非常笼统。对于平面或空间中的形状，要指定的最自然的变换是刚体运动，它使点对之间的距离保持不变。其他类型的变换也是可能的；例如，拓扑的变换，它可以弯折、压缩或拉伸空间，但不能破坏或撕裂空间。我们将注意力限制在刚体运动上，这形成一个更明确的定义：平面（或空间）中形状的对称性是平面（或空间）将形状映射到自身的刚体运动。

有了这些规定，圆还有其他对称性吗？答案是有的：反射。任何将圆映射到自身的平面刚体运动必须将其圆心映射到自身。考虑平面中以原点为圆心的单位圆。按照惯例，角度是从 0 度角开始沿逆时针方向测量的，0 度角位于 x 轴正向上。如果我们以任何一条通过圆心的直线，即一个概念上的镜子来反射平面，那么圆又会映射到自身。对于水平的镜子，反射为 R_0，其中

$$R_0(\theta) = -\theta$$

如果镜子与水平面呈 α 角倾斜，则反射是 R_α，其中

$$R_\alpha(\theta) = 2\alpha - \theta$$

用更多的技巧，我们可以证明这些旋转和反射包含圆的所有可能的刚体运动对称性。

请注意，圆有无穷多的对称性：一族有无限多个旋转，另一族有无穷多个反射。其他形状的对称性似乎不那么丰富。例如，一个椭圆（其轴在通常位置：一条水平，另一条竖直）恰好有四重对称性，如图 9（a）所示。它们是：保持不动，旋转 π，以及绕水平轴或竖直轴反射。用符号表示的话，相关变换是 F_0，F_π，R_0 和 R_π。

如图 9（b）所示，以原点为中心且水平轴上有一个顶点的等边三角形具有六重对称性：通过 0，$2\pi/3$，$4\pi/3$ 的旋转，或在三角形的任何一条角平分线上的反射。用符号表示，它们是 F_0，$F_{2\pi/3}$，$F_{4\pi/3}$，R_0，$R_{2\pi/3}$ 和 $R_{4\pi/3}$。同样，对于正方形，如图 9（c）所示，有八重对称性：F_0，$F_{\pi/2}$，F_π，$F_{3\pi/2}$，R_0，$R_{\pi/2}$，R_π 和 $R_{3\pi/2}$。

正如这些例子所示，一个给定的形状可能具有许多不同的对称性。因此，我们需要考虑全部的对称性，而不是个别的。事实证明，一个给定形状（或者更一般地说，某种结构）的所有对称性的集合具有巧妙的代数性质。也就是说，如果我们通过依次执行变换来"组合"两重对称性,其结果是一重对称性。

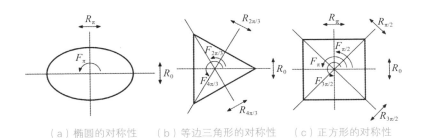

(a)椭圆的对称性　　(b)等边三角形的对称性　　(c)正方形的对称性

图9　椭圆、等边三角形和正方形的对称性,其中保留所有点不动的F_0未标出

你可以逐一检查上述例子的这种属性,但有一种更简单的方法。首先,请注意两个刚体运动的组合仍是刚体运动。其次,如果每个相关的刚体运动都将形状映射到自身,那么它们的组合也是如此。

对称性的这种性质是平凡的,但也是至关重要的。如果我们将一个给定形状或结构的所有对称性的集合构成一个群,再将该集合重新命名为该形状或结构的对称群,事实证明,如果对称群已知,则可推断出关于该形状或结构的各种情况。上述五个例子都可用对称群的语言来描述,笔者所做的推论——圆是有效的轮子，石头剪刀布中的极小极大策略是以相同的概率选择每一个，等等——都是相应对称群的应用。

一个形状或结构的对称群是否有用或重要，这一点并不明显，笔者刚才提到的推导可以在不明确提到对称性的情况下进行。然而，对称群——以及一个更一般的概念，简称为群——被证明是如此有用，以至于今天几乎没有哪种数学可以脱离它而进行。从历史上看，群的概念首次出现在一个非常重要的应用中，没有它就无法取得很大的进展，而一旦群被定义和理解，问题就被揭露开来，参见第二章。自此以后，数学家们才开始思考对称性的一般概念，并提出对称群的定义。

第二章
对称的起源

在用精确的数学术语阐述之前,对称性的广义概念已被默认了数千年。对称性存在于文艺界、自然界、科学及数学中,它们的吸引力似乎源于人类的感知。宗教符号通常是对称的,如今一些公司的标识也是如此。大胆、简洁、对称的设计似乎能对人类的心理产生强大的影响。艺术家对对称图案进行了深入、细致的探索,建筑师运用各种对称性设计出优雅的建筑。自亚里士多德时代以来,自然界的对称性一直让自然历史学家和科学家着迷。

伊斯兰艺术以其使用对称设计而闻名,例如在阿尔罕布拉宫(Alhambra)中发现的对称设计。阿尔罕布拉宫是位于西班牙格林纳达岛的一座古堡,其历史可追溯到14世纪(图10)。

阿尔罕布拉宫的建筑本身没有系统的设计,但它装饰有

图10　阿尔罕布拉宫中典型的伊斯兰图案

大量的瓷砖图案。格子图案有17种不同的对称类型（参见第四章），传说它们都存在于阿尔罕布拉宫中。这种说法的真实性取决于如何解释，因为真正的图案不会永远重复下去。伊迪丝·穆勒（Edith Muller）在1944年发现了11种对称图案（有人说是12种）；布兰科·格伦鲍姆（Branko Grunbaum）和其他人在20世纪80年代又发现了2种对称图案，但无法找到其余的4种对称图案。1987年，拉斐尔·佩雷斯-戈麦斯（Rafael Perez-Gomes）和何塞·玛丽亚·蒙特西诺斯（Jose Maria Montesinos）各自独立宣称，他们已经成功找到了其余的4种对称图案。格伦鲍姆以定义不准确为由对这一说法提出异议。赛义德·扬·阿巴斯（Syed Jan Abas）和阿米尔·沙克尔·萨勒曼（Amer Shaker Salman）的《伊斯兰几何图案的对称性》一书中包括了伊斯兰艺术中所有17种图案的示例，但并非全部来自阿尔罕布拉宫。此外，伊斯兰艺术家还创造了许多乍看完全对称的图案，但他们巧妙地避开了僵化的数学障碍，创造出"不可能"的图案——例如，明显具有某种规则的七边形和八边形的图案。从艺术角度看，这些图案与完全对称的图案十分相似，艺术家似乎不太能区分这两种类型，因为他们没有采用严格的数学表征。

自然界中最明显的对称性是动物（包括人类）惊人的双边对称性，尽管这种对称性并不精确。许多贝壳的螺旋形状是生物界中另一个众所周知的对称实例。对称性的非正式使用（通常是默认的）贯穿于整个科学领域。例如，天文学家认为太空中大块熔岩可能呈球形，并且旋转质量是轴对称的。

对称性更正式的应用主要来自晶体学。晶体通常具有引人注目的几何形状，例如，盐的晶体可以是立方体。晶体的面是底层原子晶格对称的证据，宏观晶体的对称性与该晶格的对称性相关。然而，一般来说，还涉及晶体生长模式的细节，因此根据晶格可以直接预测相邻面之间的角度。从历史上看，直到对同一矿物的许多样品进行的角度测量得到了相同的结果，科学家们才开始接受晶体具有规则的结构。这可能看起来很奇怪，但在野外，大多数矿物样品都被损坏和碎片化，与博物馆里展示的标本完全不同。原子晶格的对称性是晶体物理和化学性质的基础。偏离对称性也很重要，但必须知道它们偏离的是什么。

晶体学的先驱之一是皮埃尔·居里（Pierre Curie），他提出了著名的不对称原理：一个物理效应不可能存在没有其有效原因的不对称性。不对称性就是缺乏对称性，因此我们可以将其重新表述为"原因的对称性必须在结果中再现"。如果进行适当的解释，这个原理可以说是正确的，但其更明显的解释往往是错误的（参见第六章）。晶体学是最早受益于对称概念的严格数学表述的科学领域之一。

另一个领域是化学，我们发现许多分子以两种镜像形式存在——专业术语是"手性"，由开尔文勋爵（Lord Kelvin）提出。1815 年，让－巴蒂斯特·比奥（Jean-Baptiste Biot）注意到一些化学物质（尤其是糖）会沿一个方向旋转偏振光，而其他看似相同的化学物质则沿相反方向旋转偏振光。路易斯·巴斯德（Louis Pasteur）在 1848 年推断出相关分子必定是彼此的镜像。手性在生物化学中很重要，因为分子的一种形式可能具有生物活性，而另一种则没有。氨基酸（蛋白质的基本成分）就是例子：人体可以使用一种形式的氨基酸，但不能使用另一种形式。许多分子是对称的，它们的性质受其对称性的影响。最近的一个例子是巴克敏斯特富勒烯，它是一个由 60 个碳原子组成的笼型结构，排列方式像截角二十面体的顶点，它具有与二十面体相同的对称性。

对称性的严格定义不是从这些领域中产生的。相反，它来自纯数学，来自变换群的概念。数学史上的一个基本规律似乎是重要、简单、普遍的思想首先会以复杂得多的形式出现。群论也不例外。它产生于数学研究中一些困难的技术领域，而且在每种情况下，这一概念都有附带的困难：额外的特殊结构掩盖了潜在的简单性。群论的历史渊源包括代数学的几个不同领域，其中最具影响力的是方程理论：如何求解，或在此情况下如何不求解多项式方程。另一个来源是复分析中的椭圆函数和相关"模"函数理论。纽结理论的早期应用也具有影响力。源自代数几何中变量变化研究的矩阵代数也发挥了重要作用，但我们不会深入探讨。

我们不需要了解这些背景就可以理解什么是群并使用群的概念。然而，对历史的了解有助于将教材与背景联系起来，它表明我们正在研究的是真正的数学，与学科的核心领域相关，而不仅仅是一些没有目的、没有内容的奇怪抽象概念。

方程和伽罗瓦理论

在基础几何和算术之后，最古老的数学领域可能就是方程理论了。四千年前，巴比伦的文士就开始向学生传授与今天类似的初等代数的知识，他们使用的是口头描述和举例，通常是"我发现了一块石头，但没有称出它的重量……"然后提供足够的信息来确定精确重量。学生像今天一样坐在教室里上课，并被布置了作业。有几块泥板甚至记录了他们对老师的个人印象，这些也与今天的情况差不多。

巴比伦代数学的一个成就——如果在不使用符号的情况下可以这样称呼的话——是二次方程的解法。巴比伦的文士们似乎已经理解了求解二次方程的基本原理，尽管他们是通过典型的例子来提出他们的解法的。今天的解法与那时的主要区别在于使用代数公式来求解。此外，现在还允许使用负系数和复数解。到了文艺复兴时期，意大利数学家发现了类似的求解三次方程和四次方程的公式。这些公式的共同特点是，除了标准的加、减、乘、除代数运算外，唯一的额外因素就是提取 n 次方根——根式。解二次方程需要平方根，解三次方程需要平方根和立方根，解四次方程也需要平方根和立方根。毕竟，4 次方根只是平方根的平方根，所以是多余的。

这些公式是通用的，即相同的公式适用于任何相关次数的方程。（在某些情况下，经典公式没有明确表示根的实部和虚部。这首先是在三次方程中实现的。如果有一个实根，则有公式将它表示出来。如果有三个实根，则公式仅将它们表示为复数的立方根。）但是，随着次数的增加，公式的复杂性也随之增加。几个世纪以来，数学家普遍认为，将结果扩展到更高次方程的唯一阻碍是公式日益增长的复杂性。例如，一般五次方程的解可能由某个复杂的公式给出，毫无疑问其中涉及了 5 次方根、立方根和平方根。也许还需要 7 次方根或 107 次方根，但很难解释为什么这些根会起作用。

到了 18 世纪末，一些领先的数学家开始怀疑这种看法是错误的。约瑟夫·路易斯·拉格朗日（Joseph Louis Lagrange）找到了对以往求解二次方程、三次方程和四次方程方法的统一描述：他利用方程根的排列构造了我们现在所说的拉格朗日预解式。这是一个相关方程，它的根决定了原方程的根。对于二次方程、三次方程和四次方程，拉格朗日预解式的次数小于原方程的次数。但对于五次方程，拉格朗日预解式使问题变得更糟：它将五次方程变成了六次方程。

这并不意味着不存在基式解，也许还有其他方法，尽管拉格朗日预解式并不是解决之道。1799 年，意大利数学家保罗·鲁菲尼（Paolo Ruffini）写下了他声称的证明，书名为《代数方程的一般理论》，其中证明了大于四次的方程的代数解是不可能存在的。遗憾的是，他的书篇幅很长，计算量很大，很容易出错，而且最终结果是否定的，因此他的著作没有引起社会关注。鲁菲尼试图让他的证明更通俗易懂，但他从未真正得到应有的荣誉。后来发现，他的证明存在逻辑漏洞，但可以弥补。

第一个被公认的不可能性证明是由挪威人尼尔斯·亨里克·阿贝尔于 1823 年发表的，他曾一度误以为自己找到了一个用基式求解五次方程的公式。他的第一个证明简短得令人难以理解。1826 年，他发表了一个扩展的证明。与拉格朗日和鲁菲尼一样，他把重点放在方程根的排列上。他运用了反证法：假设有一个使用根式的公式，然后推导出一些自相矛盾的东西。最后一步是奇怪的计算，涉及五个根的两种不同排列。

这类证明的问题在于，尽管你可以检查逻辑并确保它是正确的，但并不总是清楚为什么答案会是这样的。年轻的法国人埃瓦里斯特·伽罗瓦（Evariste Galois）取得了重大突破，他对这个普遍问题进行了正面探讨：多项式方程何时可以用根式求解？伽罗瓦给出了一种完整的解法，顺便证明了一般的五次方程不能用这种方法求解，但它有一个当时看来是缺陷的地方：它用根而不是系数来表达可解性的条件。这使得伽罗瓦的条件很难在特定方程中得到验证。

***

伽罗瓦使用的技术是基础代数和拉格朗日的排列思想。在当时，一个对象列表（例如 *abcde*）的排列就是将它们重新排列的另一个列表（例如 *bdaec*）。这种思维方式和书写方式相当烦琐，但伽罗瓦只有这种方法。他将多项式方程与由某些代数性质定义的根的排列列表相关联，并表明该列表具有特定类型的结构。他将这样的列表称为"群"。他证明了一个方程可以用根式求解，当且仅当它的群能够以特定的方式分解成一系列更小的群，且每个群都具有非常简单的形式。这一想法极具独创性，而这项工作的重要性需要时间来沉淀。

用现代术语来说，他的基本思想是考虑方程的对称群。请记住：对称群由保持特定结构的变换组成。那么变换是什么，结构又是什么呢？

变换是根的排列，但我们现在将排列看作函数。我们不再考虑标准列表 $abcde$ 和重排列表 $bdaec$，而是考虑将标准列表中的每个符号替换为重排列表中相应符号的变换。即

$$a \to b, \ b \to d, \ c \to a, \ d \to e, \ e \to c$$

这种思维方式有一个优点：它使如何组合两个排列变得显而易见，并且很明显这将产生另一个排列。

必须保留的结构则更加微妙。它不是方程。方程根的排列只是这些根的重新排序；重新排序的根满足与原始顺序完全相同的方程。相反，必须保留的是根之间的所有代数关系。也许原根满足像 $ad - ce = 4$ 这样的关系。应用排列后，就变为 $be - ac = 4$。如果这种关系不成立，那么排列就不是方程的

对称性。如果它成立……那么，还有其他潜在的关系，所有这些关系都必须保留。现在还不清楚如何验证这个条件，但可以肯定的是，满足这个条件的排列必须组成一个群。我们现在称它为方程的伽罗瓦群，并以更抽象的方式定义"保留关系"。

群论（对称性数学）由此而来，而不是来自旋转正方形或二十面体的几何思想。如果几何学先出现，并且伽罗瓦和他的前辈们可以使用对称群，那么一切都会清晰得多——但事实并非如此。伟大的先驱从来不会因为这种事情而停下脚步，但这确实让他们的工作更难被普通人理解。

有一段时间，群论不过是代数学中的一种奇思妙想，只在一个领域中很重要：方程理论。少数不屈不挠的先驱并不气馁，继续发展群论。很快，群论就被应用到整个数学领域。亨利·庞加莱（Henri Poincare）曾不无自嘲地说过，群论"就像整个数学被剥去了物质的外衣，变成了纯粹的形式"。令人吃惊的并不是他说了这样一句一针见血的话，而是这句话只是稍稍夸大了一点。群论的地位已经变得如此核心和重要。

　　群开始崭露头角的领域包括抽象代数、拓扑学、复分析、代数几何和微分方程。群与科学，特别是物理和化学领域的联系，也推动了群概念及其与对称性的深刻关系的进一步发展。

抽象代数

　　现代抽象代数方法源自伽罗瓦等人对数字、排列和类似系统的结构特征的研究。伽罗瓦研究了我们现在所说的伽罗瓦域：可以定义"加法"和"乘法"等运算的有限集，满足代数的所有标准规则。对于每个素数幂 p^n 的元素都有一个这样的集合，用 $GF(p^n)$ 表示。

　　最简单的例子是在 $n = 1$ 时。令 $GF(p^n)$ 为数字 $0, 1, 2, \cdots, p - 1$ 的集合，运算为

$$a \oplus b = a + b \text{除以} p \text{的余数}$$

$$a \otimes b = ab \text{除以} p \text{的余数}$$

那么许多熟悉的代数定律即成立，例如加法的交换律：

$$a \oplus b = b \oplus a$$

分配律：

$$a \otimes (b \oplus c) = (a \otimes b) \oplus (a \otimes c)$$

和简单的规则，如：

$$0 \oplus a = a, \ 1 \otimes a = a$$

此外，当 p 为素数时，每个非零元素 a 都有一个乘法逆元 a^{-1}，其中 $aa^{-1}=1$。因此 a^{-1} 实际上是 $1/a$，从而可以定义除法：

$$a \, / \, b = ab^{-1}$$

例如，假设 $p=5$。元素间的加法和乘法如下：

$\oplus$	0	1	2	3	4
0	0	1	2	3	4
1	1	2	3	4	0
2	2	3	4	0	1
3	3	4	0	1	2
4	4	0	1	2	3

$\otimes$	0	1	2	3	4
0	0	0	0	0	0
1	0	1	2	3	4
2	0	2	4	1	3
3	0	3	1	4	2
4	0	4	3	2	1

可知 $2 \otimes 3 = 1$，因此 $2^{-1} = 3$ 且 $3^{-1} = 2$。

卡尔·弗里德里希·高斯（Carl Friedrich Gauss）在他的《算术研究》中将其形式化并引入符号之前，数论学家已经使用了这个基本概念一段时间：

$$x \equiv y \,(\mathrm{mod}\, n)$$

表示 $x - y$ 可以被 n 整除。由此产生的系统被称为"算术模 n"。当 p 是素数时，存在乘法逆元，整数模 p 形成一个称为"域"的结构。当 p 是合数时，可能不存在逆元，也可能无法定义除法，但所有其他主要代数法则仍然成立，形成一个被称为"环"的结构。有许多不同的结构具有类似的性质，因此这些概念在代数学中得到了广泛使用。

在加法下，$GF(p)$ 与变换群非常类似，只不过它的元素不是变换。如果我们将 $GF(5)$ 的元素解释为 g 对应于平面绕原点旋转 $2\pi g/5$ 角度，则 $GF(5)$ 中的加法恰好对应于角度的加法。例如，$4 \oplus 1$ 对应于 $8\pi/5 + 2\pi/5 = 10\pi/5 = 2\pi$，与 0 的角度相同。因此这两个结构除定义方式外是相同的。它们被称为是同构的。

$GF(5)$ 中还有一个结构与变换群非常相似：乘法下的非零

元素，即由四个元素组成了一个与正方旋转对称同构的群。从这个意义上说，伽罗瓦域是连接在一起的两个群：一个是乘法下的非零元素群，另一个是加法下包含 0 的更大的群。分配律对这两个群之间的关系施加了限制。

当 $n > 1$ 时，由于 $p \cdot p^{n-1} \equiv 0 \pmod{p^n}$，整数模 p^n 不会形成域。$GF(p^n)$ 的定义将更为复杂。

椭圆函数

群出现在复分析中，是因为它们汇集了这门学科的多个不同分支，将其统一为现在非常强大的工具包，并应用于包括数论和代数几何在内的其他领域。例如，它在安德鲁·怀尔斯（Andrew Wiles）1995 年证明费马大定理时发挥了关键作用。

在实际分析中，三角函数"正弦"和"余弦"非常重要。它们的重要特性之一是周期性，这一点在波的研究中已经提到过。当变量加 2π 时，它们的值保持不变：

$$\sin(x + 2\pi) = \sin x \qquad \cos(x + 2\pi) = \cos x$$

由此可知，给x加上整数倍$2k\pi$也会使函数保持不变。当变量为复数时，这种关系也成立（将x替换为$z = x + iy$即可）。复平面上另一个密切相关的周期函数是指数e^z，但这次的周期是$2\pi i$，它是虚数。下面是一个著名的方程：

$$e^{i\theta} = \cos\theta + i\sin\theta$$

由于复数构成了一个平面，原则上复变函数f似乎可以有两个独立的周期，即ω_1和ω_2，这样

$$f(z + \omega_1) = f(z + \omega_2) = f(z)$$

所谓"独立"，是指ω_1不是ω_2的实数倍，因此ω_1和ω_2对应于实平面上线性无关的向量。对于整数m，n，线性组合$m\omega_1 + n\omega_2$构成一个网格（图 11）。该函数完全由其在网格的任何"图块"（例如阴影区域）上的值确定。其他地方的值是利用网格将该图块平移而得到的。具体来说，方程

$$f(z + m\omega_1 + n\omega_2) = f(z)$$

定义了经$m\omega_1 + n\omega_2$平移的阴影图块上f的值。

这种函数被称为"椭圆函数"。这个名字反映了它们被发现的历史经过：它们是在计算椭圆弧长时产生的。"双周期函数"是一个信息量更大的名称，椭圆函数可以用无穷级数来构造，该级数对网格上的某些表达式求和。

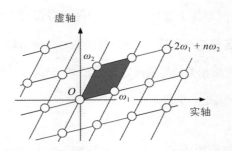

图11 由两个复周期ω_1和ω_2的全整数线性组合形成的网格

更一般地,我们可以用莫比乌斯变换代替平移:

$$z \to \frac{az+b}{cz+d}$$

式中,a,b,c,d是复常数,使得$ad-bc \neq 0$(变换有逆的条件)。莫比乌斯变换具有优雅的几何特性,特别是可将复平面中的圆或直线映射为圆或直线。将两个莫比乌斯变换复合可得另一个莫比乌斯变换,而数字a,b,c,d在其中的表现与2×2矩阵

$$\begin{bmatrix} a & b \\ c & d \end{bmatrix}$$

在矩阵乘法下完全类似。另外,如果4个数都乘以相同的常数,就会得到相同的莫比乌斯变换,这一点必须牢记。

椭圆函数在复平面的平移群下是不变的。类似地，椭圆模函数在合适的莫比乌斯变换群下是不变的。有几种标准方法可以直观地显示这些群。一种是看它们对单位圆盘 $|z| \leqslant 1$ 的作用。图 12 显示了单位圆盘的平铺，其对称性包含一个特定的莫比乌斯变换群。尽管这些图块似乎向圆盘边缘收缩，但在双曲平面的度量（距离概念）中，它们的大小都是相同的。

单位圆盘是一种非欧几何——双曲几何——的标准模型，其中平行线（到给定线，通过给定点）不是唯一的。在这个模型中，"直线"对应于以直角切割圆盘边界的圆。这个双曲几何模型中的莫比乌斯变换与欧氏几何中的刚体运动类似。

图12 对应于一个莫比乌斯变换群的单位圆盘的平铺

什么是对称学？

将莫比乌斯几何与双曲几何相提并论，是克莱因将19世纪晚期层出不穷的各种几何理论统一起来的一个例子。他提出的"埃尔朗根纲领"以他宣布该纲领时所在的城市命名，该纲领将每种几何与可允许的变换群联系起来：对于欧几里得几何来说，它是刚体运动群；对于双曲几何来说，它是双曲空间中的类似群；对于莫比乌斯几何来说，它是莫比乌斯变换群；对于射影几何来说，它是射影变换群；对于拓扑学来说，它是所有连续可逆变换群。如果两种看似不同的几何学具有同构的群，更确切地说，其作用于空间的群是同构的，那么它们实际上就是相同的几何学。几何学是研究变换群的不变量，即变换所保留的底层空间的特征的学科。在当时，这是统一几何学的重要途径，并激发了一些深刻的新思想。

拓扑学和纽结理论

拓扑学是几何学的一种，但它允许任何可逆的连续变形，而不仅仅是刚体运动。刚体运动会保留长度和角度等特征，但连续变形不会，它们可以弯曲、拉伸或缩小物体。三角形可以通过连续变形变成圆形。拓扑学的奠基论文之一是《位置分析》，由庞加莱于1895年发表。它引入了一个与任何拓

052

扑空间都相关联的结构，即基本群。两个可连续变形的空间具有同构的基本群；也就是说，基本群是拓扑不变量。

基本群是使用拓扑空间内的闭环路来定义的。首先选择一个基点，即空间中的任意一个特定点。然后考虑所有可能的环路，即从基点开始，在空间中徘徊，最后回到基点的连续曲线。任意两个环路可以组合：先追踪一个环路，然后是另一个。平凡环路（停留在基点）几乎就像一个恒等元素。反向追踪一个闭环路，几乎就是原闭环路的逆。然而，这并不完全有效：追踪一个闭环路，然后沿着它返回，这与始终停留在基点的闭环路是不同的。

这些缺陷可以通过考虑环路的同伦类而不是环路本身来弥补。如果一个环路可以连续变形为另一个，则称这两个环路是同伦的。同伦类可以通过将代表元环路组合并取所有与结果同伦的环路的类来组合。现在，平凡环路的同伦类实际上是一个恒等元素，而反向环路的同伦类是逆环路。换句话说，如果只考虑"在同伦意义下"，即认为同伦的环路是相同的，那么环路形成一个群，其中两个环路通过依次追踪它们来组合。

例如，假设空间是一个圆。然后每个同伦类对应具有给定缠绕数的所有环路，即环路沿顺时针方向绕圆的次数。如果将一个缠绕数为 m 的环路和一个缠绕数为 n 的环路组合起来，其结果的缠绕数为 $m+n$。因此，圆的基本群恰好对应于加法下的整数。平凡环路的缠绕数为 0；缠绕数为 n 的环路的反向缠绕数为 $-n$。

库尔特·雷德迈斯特（Kurt Reidemeister）继承了庞加莱的想法，并用它来研究纽结。纽结是嵌入三维空间（3- 空间）中的闭曲线 K。作为一个拓扑空间本身，K 只是一个圆。对于纽结而言，重要的是 K 如何坐落在 3- 空间内。描述这种嵌入的一种方法是考虑纽结补，即 3- 空间除 K 之外的所有部分。雷德迈斯特将 K 所在的纽结群定义为纽结补的基本群。它是 K 在 3- 空间中的拓扑不变量。

雷德迈斯特意识到，可以通过将符号 $x_1, x_2, \cdots, x_n$ 与纽结图关联起来，根据纽结图计算纽结群。这些符号属于纽结群，意味着该群还必须包含由符号组成的所有"字"，例如 $x_1^2 x_2^{-3} x_1 x_3^{-5}$。要组合两个"字"，可将它们一个接一个地写出来，并根据需要进行化简。为了准确地表示拓扑，必须将某些"字"视为等价的。这些符号需要特定的代数关系，这些代数关系编码了纽结补的拓扑结构。

图 13 给出了一个使用 Wirtinger 表示的例子。图 13（a）是纽结，自然分解成相连的弧段。每条弧段都有一个符号。每个交叉点处的箭头如图 13（b）或图 13（c）所示。用 x，y，z 表示相应的符号，我们对图 13（b）添加关系 $xy = zx$，对图 13（c）添加关系 $xz = yx$。这些关系是在交叉点附近对特定环路进行系统变形的几何结果。

（a）一个典型的纽结图，在交叉点处分成若干弧段 　（b）一个定向的交叉点处的三个符号 　（c）另一个定向的交叉点处的三个符号

图13　使用Wirtinger表示的例子

这里的群元素不是变换。它们是符号串，其规则要求表面上不同的符号串相等。从几何学角度看，它们代表环路的同伦类，但其拓扑特征已被提炼为纯粹的符号形式。

抽象群

数学家和物理学家根据他们使用群的领域定义群的概念，具有讽刺意味的是，这种丰富的来源掩盖了群概念潜在的简单性。许多数学家给出的定义接近于现代定义，但忽略了一些关键特征——例如，存在恒等变换。目前的定义似乎是从许多密切相关的变体逐渐演变而来的。

在公理化方法中，一个群就像是一组变换，只不过我们需要抛开变换的具体形式。原则上，群的元素（或成员）可以是任何东西。重要的是它们如何结合。下面是目前的定义（的一个版本）：

群是一个具有运算 $*$ 的集合 G，该运算将 G 的任意两个元素 g 和 h 结合起来以给出 G 的元素 $g*h$。（从技术上讲，这是一个函数 $*$：$G \times G \to G$。）必须满足以下条件：

（1）单位元。G 中存在一个特殊元素，用 1 表示，使得对于所有 $g \in G$，都有 $1*g=g$ 且 $g*1=g$。（1 未必是数字 1。）

（2）逆元。对于任意 $g \in G$，存在 $g^{-1} \in G$ 使得 $g*g^{-1}=1$

且 $g^{-1} * g = 1$。

（3）结合律。对于任意 g, h, $k \in G$，都有

$$g * (h * k) = (g * h) * k$$

几何图形的对称群和置换群满足这个定义。运算 $*$ 就是变换的复合运算，1 是恒等变换，g^{-1} 是逆变换，并且只要定义了复合运算，对所有函数，结合律都成立。类似的结论也适用于符号群，但此时运算 $*$ 是"并置和简化"。这也同样适用于数学家发明的所有其他类群结构。

特别地，模 n 的整数在加法运算下形成一个群，其单位元为 0，逆元为 $-g$。当 p 为素数时，非零整数模 p 在乘法运算下形成一个群，其单位元为 1，逆元为 $1/g$ 模 p。

（4）交换律。对于任意 g, $h \in G$，都有 $g * h = h * g$。这个条件在某些群中成立，但在其他群中不成立。

具有此属性的群被称为阿贝尔群（为了纪念尼尔斯·亨里克·阿贝尔）或交换群。加法下的整数模 n 和乘法下的非零整数模素数 p 都是阿贝尔群。按照惯例，阿贝尔群中的运算通常用 + 表示，单位元用 0 表示，g 的逆元用 $-g$ 表示。有时这种约定会引起混淆。如果约定引起混淆，我们就弃用这

种表示方法。

　　最后我们提到一个有用的技术术语：阶数。一个群的阶数是它所包含的元素的数目。它可能是有限的，也可能是无限的，视群而定。

第三章
对称的类型

刚体运动是最容易理解的对称性之一，因为它们具有几何解释，并且可以使用图片来说明其效果。刚体运动的可能性取决于空间的维数：维数越大，刚体运动的种类就越多。

在直线上，有两种类型的刚体运动：要么保持直线的方向（坐标从负增加到正的方向），要么不保持。如果保持，则整条直线会平移一定量 a，因此点 x 映射到 $x + a$。如果不保持，则该直线会在原点反射，然后平移，因此点 x 映射到 $-x + a$。

当我们考虑平面上的刚体运动时，可能性变得更加丰富。主要类型如图 14 所示。

（1）平移：将整个平面向某个方向移动一定的距离。

（2）旋转：将平面绕某个固定点旋转一定角度。

（3）反射：将每个点映射到其在某条固定直线上的镜像。

（4）滑移反射：将每个点映射到其在某条固定直线上的镜像，然后沿该直线的方向移动平面。这是较少为人所知但却很重要的刚体运动。

图14 平面上刚体运动的4种类型

平面有界区域的刚体运动不能包括非平凡的平移或滑移反射，因为重复应用这两种变换中的任何一个都会将点移动任意大的距离。因此，对于有界图形的刚体运动，只有旋转和反射会出现。

循环群和二面体群

刚体运动的有限群分为 2 类，取决于该群是只包含旋转，还是至少包含 1 个反射。

图 15 显示了 2 种典型情况。图 15（a）的形状在绕其中心的 5 次旋转下是对称的，旋转角度分别为 0，$2\pi/5$，$4\pi/5$，$6\pi/5$ 和 $8\pi/5$。Z_5 对称的 5 次旋转如图 16（a）所示。这些旋转构成 5 阶循环群，用 Z_5 表示。图 15（b）的形状在同样的 5 次旋转下是对称的，但同时它也有 5 个反射对称性。图 16（b）给出了反射的镜像线。这些旋转和反射构成 10 阶二面体群，用 D_5 表示（许多书上用 D_{10} 代替，但符号 D_5 更能提醒我们其与 Z_5 的关系）。

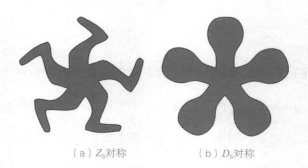

（a）Z_5 对称　　　　　（b）D_5 对称

图 15　平面上的 2 个对称形状

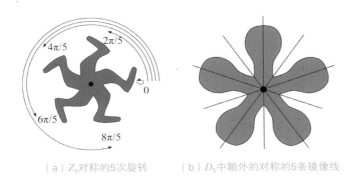

（a）Z_5对称的5次旋转　　　（b）D_5中额外的对称的5条镜像线

图16 平面上的2个对称形状的对称情况

　　类似地，我们可以定义n阶循环群Z_n和$2n$阶二面体群D_n。循环群Z_n由绕原点经过$2k\pi/n$角度的所有旋转组成，其中$0 \leqslant k \leqslant n-1$。二面体群$D_n$由相同的旋转及沿与水平轴形成$k\pi/n$角度的镜像线的反射组成，其中同样$0 \leqslant k \leqslant n-1$。二面体群$D_n$是正$n$边形的对称群，循环群$Z_n$是正$n$边形的旋转对称群。这里$Z_n$是$D_n$的子集，在相同的运算下恰好形成一个群，我们称之为子群。

　　平面的每个有限群G的刚体运动必须固定某个点。事实上，如果x是平面上的任意一点，那么通过简单的计算就可以证明"质心"

$$\frac{1}{|G|}\sum_{g\in G}g(x)$$

由有限群 G 确定。不难证明，循环群 Z_n ($n \geqslant 1$) 和二面体群 D_n ($n \geqslant 1$) 构成了所有固定原点的平面刚体运动的有限群。

正交和特殊正交群

还有两个重要的固定在原点的刚体运动群：由所有绕原点的旋转构成的群 $SO(2)$，由所有旋转和关于过原点的直线的反射构成的群 $O(2)$。这两个符号代表"特殊正交群"和"正交群"。圆具有正交群 $O(2)$。同样，$SO(2)$ 是 $O(2)$ 的子群。

饰带

无界图形可以有更丰富的对称性。饰带图案是平面上的一种图案，其对称性使水平轴保持不变。该轴线上的单个点可以移动，但整个轴线会作为一个集合映射到自身。这个名称来源于壁纸顶部或中间常用的饰带。饰带有 7 种不同的对称类型，如图 17 所示。

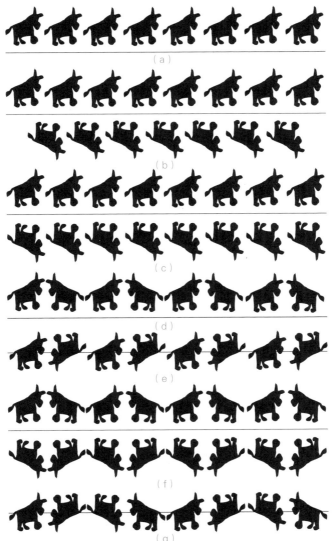

图 17 饰带图案的 7 种对称类型

平面群

平面群的图案在 2 个独立的平移下是对称的：沿着纸带的长度方向平移一步，再从侧面平移一步到下一条纸带，可能还会向上或向下移动（室内装修师称之为"下降"）。这就像由网格定义的椭圆函数的对称性，参见第二章。此外，整个图案在不同的旋转和反射下也可能是对称的。最简单的对称群由 2 个平移构成，典型的图案如图 18（a）所示。为了避免混淆，重要的是要认识到图 18（b）中的图案不具有额外的旋转对称性。单个五角星具有额外的对称性，但是当它们被应用到整个图案时，其他五角星无法正确映射。然而，该图案关于每一个五角星的垂直平分线的反射都是对称的，这是图 18（a）所缺乏的额外的对称性。

1891 年，俄国数学家叶夫格拉夫·费奥多洛夫（Evgraf Fedorov）证明了平面群图案恰好有 17 种不同的对称类别。乔治·波利亚（George Polya）于 1924 年独立获得了相同的结果。这些图案可以根据底层平面晶格的对称类型进行分类。

用对称排列的图形代替晶格的点可以产生对称群是晶格对称群的子群的图案。

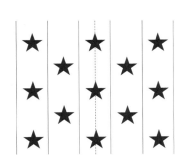

（a）具有两个独立平移的平面群图案（箭头所示）

（b）相同的平移，没有 $2\pi/5$ 旋转，但也在任何五角星的垂直平分线上进行反射（例如虚线）

图 18　最简单的对称群典型图案

　　晶格有两种不同类型的对称性：一种是晶格平移本身，另一种是全息群，由固定一个晶格点（我们可以将其视为原点）并将晶格映射到自身的所有刚体运动组成。任何对称性都是这两种类型的复合。证明很简单：假设 s 是晶格的对称性，将 O 映射到 $s(O)$。有一个平移 t，将 O 映射到 $s(O)$，因此 $t^{-1}s = h$ 属于全息群。因此 $s = th$ 是一个晶格平移和全息群的复合。

　　如图 19 所示，晶格的 5 种对称类型是：

（1）平行四边形：晶格生成元长度不等且不呈直角。基本域是一个平行四边形。全息群是由旋转 π 角度生成的 Z_2。

（2）菱形：晶格生成元长度相等且不呈角度 π/2，π/3，2π/3。基本域是一个菱形。全息群是由旋转 π 角度和反射生成的 D_2。

（3）矩形：晶格生成元长度不等且呈直角。基本域是一个矩形。全息群也是 D_2。

（4）正方形：晶格生成元长度相等且呈直角。基本域是一个正方形。全息群是由旋转 π/2 角度和反射生成的 D_4。

（5）六边形或（等边）三角形：晶格母体长度相等且角度为 π/3。基本域是由 2 个等边三角形组成的菱形。其中 3 个基本域拼合成一个六边形，也可以平铺平面。全息群是由旋转 π/6 角度和反射生成的 D_6。

为了获得平面群的分类，我们要逐一研究这 5 种晶格类型，并对包含晶格平移的对称群的子群进行分类。图 20 显示了所有 17 种平面群图案、它们的标准晶体学符号和底层晶格。

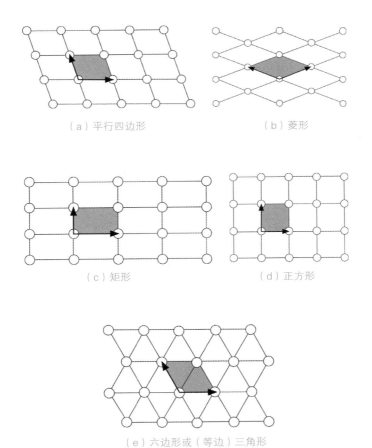

（a）平行四边形　　　　　　　　（b）菱形

（c）矩形　　　　　　　　（d）正方形

（e）六边形或（等边）三角形

图19　晶格的5种对称类型，箭头表示晶格生成元的选择，
阴影区域是相关的基本域

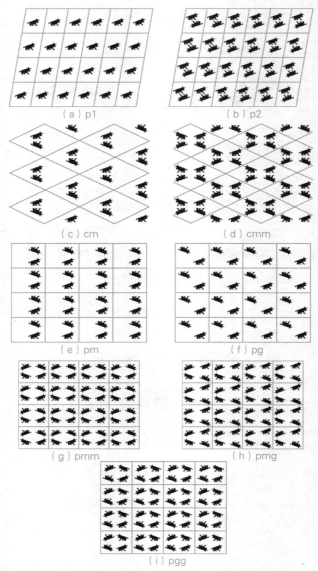

(a) p1　　　　　　　　(b) p2

(c) cm　　　　　　　(d) cmm

(e) pm　　　　　　　(f) pg

(g) pmm　　　　　　(h) pmg

(i) pgg

图 20　17 种平面群图案,图注为标准晶体学符号

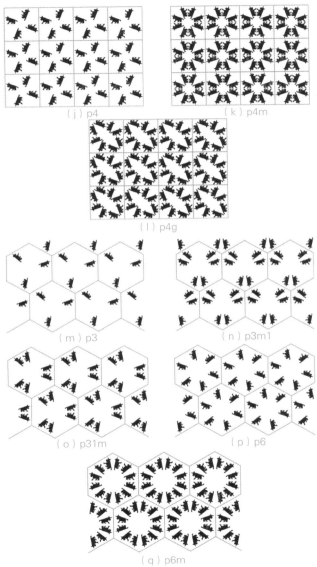

（j）p4

（k）p4m

（l）p4g

（m）p3

（n）p3m1

（o）p31m

（p）p6

（q）p6m

续图20 17种平面群图案，图注为标准晶体学符号

正多面体

现在，我们来看看三维空间。如果一个实体（即多面体）的每个面都是正多边形，且所有面都相同，且每个顶点上的面都有相同的排列，则称该实体为正多面体。如图 21 所示的五种正多面体是三维对称性的丰富来源。它们是：

（1）正四面体：四个面，每个面都是等边三角形。

（2）正方体：六个面，每个面都是正方形。

（3）正八面体：八个面，每个面都是等边三角形。

（4）正十二面体：十二个面，每个面都是正五边形。

（5）正二十面体：二十个面，每个面都是等边三角形。

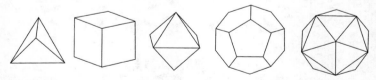

（a）正四面体　（b）正方体　（c）正八面体　（d）正十二面体　（e）正二十面体

图 21　五种正多面体

这些正多面体不仅面和顶点的排列非常有规则，从对称的意义上讲，整个多面体也是如此。对每个正多面体来说，任何一个面都可以通过刚体运动映射到任何其他面，并且该刚体运动可以将整个多面体映射到自身。此外，该面的任何对称性都能唯一地延伸到该正多面体的对称性。证明这些并不困难，但需要开发一些欧几里得几何中没有的技术。

这些对称性使我们能够计算每个正多面体所具有的对称性的数量，即其对称群的阶数。例如，正四面体有四个面，每个面都可以映射到指定的参照面。参照面共有六重对称性群 D_3——所有这些对称性都延伸到整个正四面体。所以正四面体共有 $4 \times 6 = 24$ 重对称性。更一般地，如果正多面体有 F 个面，每个面有 E 条边，则其对称群包含 $2EF$ 个刚体运动，结果见表 2。

观察表 2，我们可以立即发现，正方体和正八面体具有相同数量的对称性，正十二面体和正二十面体也是如此。原因很简单，就是所谓的对偶性。一方面，正方体面的中心构成正八面体的顶点，因此正方体的任何对称性也是该正八面体的对称性。另一方面，正八面体面的中心构成正方体的顶点，因此正八面体的任何对称性也是该正方体的对称性。正十二面体和正二十面体也存在类似的关系。所以这几对对称群是同构的。

表2　正多面体的对称数

正多面体种类	F	E	对称数 (= 2EF)
正四面体	4	3	24
正方体	6	4	48
正八面体	8	3	48
正十二面体	12	5	120
正二十面体	20	3	120

那么，不起眼的正四面体呢？它的面的中心构成另一个正四面体的顶点。它是自对偶的，这种结构并没有产生任何新东西。

假设我们为正多面体定义一个方向，即从该多面体外部看，在每个面上沿逆时针方向概念性地标出一个箭头。旋转会保持这个方向，而反射和其他一些变换则会反转这个方向。事实上，当且仅当它在三维空间中旋转时，对称性才能保持这个方向。当且仅当它是旋转和负恒等映射的复合时，它才会反转这个方向。负恒等映射会将每个顶点映射到完全相反的顶点，将(x,y,z)

映射到 $(-x,-y,-z)$，并且可以写为 $-I$。

反射可以用两个简单的性质来表征：它们固定通过原点的平面（镜面）上的每个点，并且它们充当该平面法线上的负恒等映射。在正多面体的 $2EF$ 重对称性中，EF 重对称性是旋转，其余 EF 重对称性是旋转与反射或 $-I$ 的复合。一般来说，仅有反射并不能给出三维空间的所有反转方向的对称性。例如，$-I$ 是正方体的对称性，虽然这个映射反转了方向，但它并不是反射，因为它唯一固定的点是原点。

因此，正多面体有三个对称群：四面体群 T、八面体群 O（也对应于正方体）和二十面体群 I（也对应于十二面体，通常称为十二面体群）。我们以最简单的四面体为例，了解各种刚体运动的作用方式（图 22）。

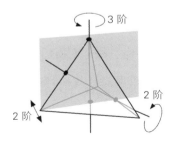

图22 正四面体的对称性

四面体群

在几何学中，四面体的五种不同对称类型见表 3。

（1）恒等。即固定每个点的（平凡的）旋转。共有 1 个。

（2）顶点旋转。即固定一个顶点的旋转。每个顶点有 2 个。每个旋转的阶数为 3，共有 8 个。

（3）中轴旋转。即绕连接对边中点的轴的旋转。每个旋转的阶数为 2，共有 3 个。

（4）反射。即关于过两个顶点及对边中点的平面的反射。每个反射的阶数为 2，共有 6 个。

（5）旋转和反射。即按一定顺序循环四个顶点的运动，不固定任何一个顶点。在几何上，这样的运动可以通过将四面体绕连接对边中点的轴旋转 π/2 角度，然后通过关于与该轴呈直角的平面反射来得到。每个变换的阶数为 4，共有 6 个这样的变换（3 个轴分别沿顺时针或逆时针方向旋转）。

请注意，−I 并不会使四面体保持不变。

表3 四面体的五种对称类型

变换	阶数	对称数
恒等	1	1
顶点旋转	3	8
中轴旋转	2	3
反射	2	6
旋转和反射	4	6

对于八面体群和二十面体群，为了简单起见，我们只描述了保持方向的运动（旋转）。将这些运动与 $-I$ 相结合可以得到反转方向的运动。其中有些是反射，有些不是。

八面体群

使用正方体更容易将其可视化（图23）。正方体的五种对称类型见表4。

（1）恒等。这样的变换有 1 个。

（2）中轴旋转。即绕连接对边中点的轴旋转。每个旋转的阶数为 2，共有 6 个。

（3）顶点旋转。即固定顶点的旋转。每个顶点有 2 个，每个旋转的阶数为 3，共有 8 个。

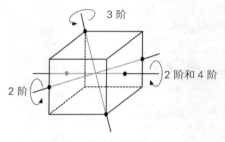

图23　正方体的旋转对称性

（4）中面旋转 ±π/2。即绕连接对面中心点的轴旋转±π/2 角度。每个旋转的阶数为 4，共有 6 个。

（5）中面旋转 π。即绕连接对面中心点的轴旋转 π 角度。每个旋转的阶数为 2，共有 3 个。

表4　正方体的五种对称类型

变换	阶数	对称数
恒等	1	1
中轴旋转	2	6
顶点旋转	3	8
中面旋转 ±π/2	4	6
中面旋转 π	2	3

二十面体群

使用十二面体更容易将其可视化（图 24）。十二面体的五种对称类型见表 5。

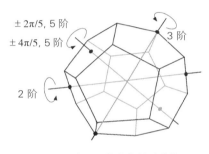

±2π/5, 5 阶
±4π/5, 5 阶
3 阶
2 阶

图 24 十二面体的旋转对称性

（1）恒等。这样的变换有 1 个。

（2）中面旋转 ±2π/5。即绕连接对面中心点的轴旋转 ±2π/5 角度。每个旋转的阶数为 5，共有 12 个。

（3）中面旋转 ±4π/5。即绕连接对面中心点的轴旋转 ±4π/5 角度。每个旋转的阶数为 5，共有 12 个。

（4）顶点旋转。即固定顶点的旋转。每个顶点有 2 个，每个旋转的阶数为 3，共有 20 个。

（5）中边旋转。即绕通过对边中点的轴旋转 π 角
度。每个旋转的阶数为 2，共有 15 个。

表5　十二面体的对称类型

变换	阶数	对称数
恒等	1	1
中面旋转 ±2π/5	5	12
中面旋转 ±4π/5	5	12
顶点旋转	3	20
中边旋转	2	15

正交群

三维空间中的几个对称群包含无穷多个变换。如果我们
固定一个轴，那么围绕该轴的所有旋转都会形成一个与 SO(2)
同构的群，而通过该轴的平面反射则会将其扩展为一个与
O(2) 同构的群。圆锥体（或任何"旋转体"）就是这种对称性
的一个例子。圆柱体还有另一种类型的对称性：关于与该轴呈
直角的平面的反射。

如果我们加上绕所有可能轴的所有可能旋转，我们就得

到特殊正交群 $SO(3)$。再加上所有旋转与 $-I$ 的复合，就得到正交群 $O(3)$。具有 $O(3)$ 对称性的典型形状是球体。如果三维形状具有 $SO(3)$ 对称性，那么它也必须具有 $O(3)$ 对称性，因此我们必须添加一些额外的结构来获得 $SO(3)$。例如，我们可以为球体规定一个方向，并要求变换保持这个方向。

晶体群

晶体的规则形状可以追溯到其原子排列。在理想模型中，原子排列形成规则的晶格，在三维空间中的三个独立平移下是对称的。因此，晶体就是平面群的三维类似物。晶格有几种不同的分类，提供的精细程度也不同。最粗略的分类是根据对称性列出晶格，这些晶格被称为布拉维晶格或晶格系统。14 个布拉维晶格的系统及名称见表 6，其几何表示如图 25 所示。

表6　14个布拉维晶格的系统及名称

编号	系统	名称
（a）	三斜晶系	三斜晶格
（b）	单斜晶系	单斜晶格
（c）	单斜晶系	单斜碱心晶格
（d）	斜方晶系	斜方晶格

（续表）

编号	系统	名称
（e）	斜方晶系	斜方碱心晶格
（f）	斜方晶系	斜方体心晶格
（g）	正交晶系	面心正交晶格
（h）	四方晶系	四方晶格
（i）	四方晶系	体心四方晶格
（j）	菱形晶系	菱形晶格
（k）	六边形晶系	六边形晶格
（l）	立方晶系	立方晶格
（m）	立方晶系	体心立方晶格
（n）	立方晶系	面心立方晶格

我们在前文的图 19 中看到，在二维空间中共有 5 种类型的晶格，但图 20 则显示了 17 种对称类别的图案。同样的区别也出现在三维空间中：布拉维晶格对排列在网格中的点的对称类型进行了分类，而完整列表则对排列在网格中的图形进行了分类。这些形状具有更丰富的对称性，可以区分更多类型的图案。三维空间中最广泛的空间群类别是排列在晶格上的三维对称群。这类空间群有 230 个。如果将某些镜像对视为是等价的，则有 219 个。

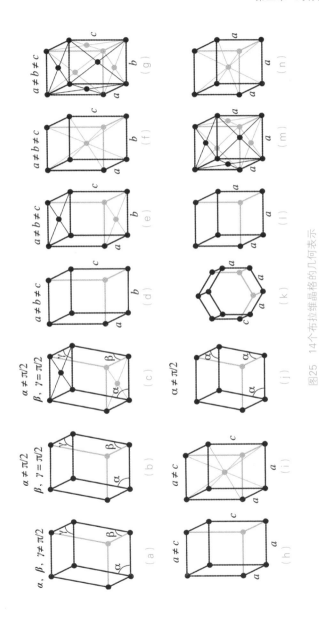

图25 14个布拉维晶格的几何表示

在这些分类中可以观察到一个奇怪的特征，那就是晶体学限制：二维或三维的晶格不具有五重对称性。事实上，允许的阶数只有 1，2，3，4 和 6。下面是对平面晶格中这一特征的简单证明。首先，请注意每个晶格都是离散的：不同点之间的距离总是超过某个非零下限。这一点很清楚直观，证明只需一个简单的估计。假设晶格由两个向量 u 和 v 的所有整系数线性组合 $au + bv$ 组成。我们可以选择坐标，使得 $u = (1, 0)$，在这种情况下，$v = (x, y)$，$y \neq 0$，因为 v 与 u 线性无关。假设 $au + bv$ 不是原点 $(0, 0)$，$au + bv$ 到原点距离的平方为

$$\|(a + bx, by)\|^2 = (a + bx)^2 + (by)^2 \geqslant b^2y^2 \geqslant y^2$$

除非 $b = 0$，因为 b 是整数。但这样一来：

$$\|(a + bx, by)\|^2 = a^2 \geqslant 1$$

因为在这种情况下，a 不为 0。因此，从原点到任何其他网格点的距离至少是 $\min(1, y^2)$，这是一个大于 0 的固定常数。通过平移，任何两个不同网格点之间的距离也有同样的界限。

现在假设一个晶格有一个具有五重对称性的点 X。由于反射的阶数为 2，因此对称性必须是旋转。点 X 可能位于晶格中，也可能不在晶格中。例如，方形晶格关于任何不在晶格

中的正方形的中心具有 90° 旋转对称性。无论如何：任选一个与点 X 不同的晶格点 A，反复使用五重对称性将其旋转到连续的位置 B，C，D，E。这些位置必须位于晶格中，因为我们正在使用对称性。

现在我们有了一个如图 26（a）所示的由晶格点组成的正五边形 $ABCDE$；填入五角星，找到点 P，Q，R，S，T。$ABPE$ 是一个平行四边形（实际上是一个菱形）。向量 BP 等于向量 AE，其中 AE 是晶格平移。因此点 P 位于晶格内。同理，点 Q，R，S，T 也位于晶格中。现在我们找到了一个较小的正五边形，其顶点都位于晶格内。事实上，它的大小是原来五边形的

$$\frac{3-\sqrt{5}}{2} \approx 0.382$$

倍。通过重复这种构造，两个不同晶格点之间的距离可以变得任意小；然而，这是不可能的。

在四维空间中，存在具有五重对称性的晶格，并且对于足够高维度的晶格来说，任何给定的阶数都是可能的。我们可以考虑将上述证明调整到三维空间，然后找出为什么它在

三维空间会失效。

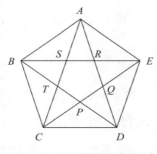

（a）五边形和五角星

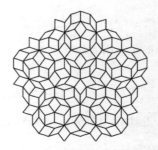

（b）具有五重对称性的彭罗斯
图案的一部分

图 26　五重对称性图案

　　尽管晶格的五重对称性在二维或三维空间中并不存在，但罗杰·彭罗斯（Roger Penrose）受约翰内斯·开普勒（Johannes Kepler）的启发，发现了平面上具有广义五重对称性的非重复图案。它们被称为准晶体。图 26（b）是两个具有精确五重对称性的准晶体图案之一。1984 年，丹尼尔·谢特曼（Daniel Schechtman）发现铝和锰的合金中存在准晶体。最初大多数晶体学家对这一观点不以为然，但事实证明他是正确的，谢特曼也因此于 2011 年荣获诺贝尔化学奖。2009 年，卢卡·宾迪（Luca Bindi）和他的同事们在来自俄罗斯科里亚克山脉的矿物样本——一种铝、铜和铁的合金中发现了准晶体。为了弄清这些准晶体是如何形成的，他们使用质谱法测量了不同氧的同位素的比例。结果表明，这种矿物不属于地球：它是小行星带来的碳质球粒陨石。

置换群

现在我们来讨论一类并非来自几何的群。集合 X 上的置换是一个映射 $\rho : X \to X$，它是一对一且满的，因此存在逆 ρ^{-1}。直观地说，ρ 是一种重新排列 X 中元素的方法。例如，假设 $X = \{1, 2, 3, 4, 5\}$，且 $\rho(1) = 2$，$\rho(2) = 3$，$\rho(3) = 4$，$\rho(4) = 5$，$\rho(5) = 1$。那么 ρ 将序列 $(1, 2, 3, 4, 5)$ 重新排列得到 $(2, 3, 4, 5, 1)$。符号

$$\rho = \begin{pmatrix} 1 & 2 & 3 & 4 & 5 \\ 2 & 3 & 4 & 5 & 1 \end{pmatrix}$$

清楚地说明了这一点。从图上看，ρ 的作用如图 27（a）所示，另一种说明方式如图 27（b）所示。

令 $X = \{1, 2, 3, \cdots, n\}$，其中 n 是正整数。X 的所有置换的集合在复合下构成一个群。恒等映射是一个置换，一个置换的逆也是一个置换，并且 $(fg)^{-1} = g^{-1}f^{-1}$，因此两个置换的复合也

是一个置换。这个群是 n 个元素上的对称群 S_n。它的阶数是 $|S_n| = n!$。

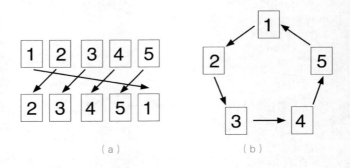

图 27　两种方式说明置换 ρ 的作用

在图 27（a）中，长箭头与其他 4 个箭头交叉。我们写成 $c(\rho) = 4$，其中 c 是交叉数，定义为此类图中最小的交叉数。假设我们将置换 ρ 与另一个置换 σ 复合，得到 $\sigma\rho$，如图 28（a）所示。移除中间层，我们可以看到有 $c(\rho) + c(\sigma)$ 个交叉点，如图 28（b）所示。然而，这并不是 $\sigma\rho$ 的最小交叉数，因为有些箭头相互交叉不止一次。我们可以把箭头拉直以获得最小的数 H。图 28（c）显示了该过程的一个阶段，涉及了从 1 和 5 出发的箭头。这两个箭头原本交叉 2 次，移动箭头可以消除两次交叉，将交叉次数减为 0。从 1 和 3 出发的箭头的另一次交叉也可以用同样的方法消除。图 28（d）显示了最终结果。我们从 4 + 4 = 8 个交叉点开始，然后将其减少 2 ～ 6 个，然后再减少 2 ～ 4 个。因此，尽管 $c(\sigma\rho)$ 与 $c(\rho) + c(\sigma)$ 并不相同，但这两个数字具有相同的奇偶性：都是奇数或都是偶数。

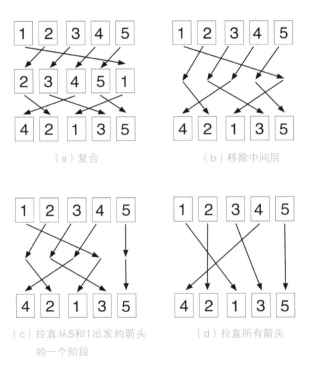

（a）复合　　　　　　　　（b）移除中间层

（c）拉直从 5 和 1 出发的箭头的一个阶段　　　　（d）拉直所有箭头

图 28　两个置换的复合

为了严谨起见，可以用代数的方法进行同样的论证，结果表明一般情况下：

$$c(\sigma\rho) \equiv c(\rho) + c(\sigma)(\mathrm{mod}\ 2)$$

$c(\rho)$模2的值称为置换ρ的奇偶性。如果$c(\rho) \equiv 0$，我们就称它是偶置换；如果$c(\rho) \equiv 1$，则称它为奇置换。这意味着：

> 两个偶置换的复合是偶的；
>
> 两个奇置换的复合是偶的；
>
> 偶置换复合奇置换是奇的；
>
> 奇置换复合偶置换是奇的。

特别地，所有偶置换的集合是S_n的一个子群。它被称为n个元素上的交错群，记作A_n。其阶为$|A_n| = n!/2$。

还有许多其他的置换群。事实上，任何群都与某个置换群同构。

置换的另一个有用的替代表示法是把它们分解成循环。循环是由不同的数字x_1，x_2，$\cdots$，x_m组成的置换，当$1 \leqslant j \leqslant m - 1$时，它将$x_j$送到$x_{j+1}$，并将$x_m$送至$x_1$。我们使用符号

$(x_1，x_2，\cdots，x_m)$来表示它并将其称为m-循环。例如，上面定义的置换ρ就是一个5-循环。它将每个数字沿逆时针方向移动一位，如图27（b）所示。每个置换都可以写成互不相交的循环的复合，也就是没有公共数字的循环。

第四章
群的结构

为了提供分析对称群结构的技术及描述它们的语言，我们现在讨论群论的一些基本概念。（正式证明一般从略。）本章只是庞大的群论的开端，介绍了一些我们在后面章节中需要了解的简单思想。与本书其他章节相比，本章必然更多地使用符号，看起来也更形式化。

同构

我们已经看到，有时两个技术上不同的群可能具有相同的抽象结构（术语为"同构"）。例如，加法运算下的整数模 3 群 Z_3 具有群乘法表：

群乘法	0	1	2
0	0	1	2
1	1	2	0
2	2	0	1

等边三角形的旋转对称性构成一个具有3个元素的群R，由旋转R_0、$R_{2\pi/3}$、$R_{4\pi/3}$组成。现在的乘法表是这样的：

群乘法	R_0	$R_{2\pi/3}$	$R_{4\pi/3}$
R_0	R_0	$R_{2\pi/3}$	$R_{4\pi/3}$
$R_{2\pi/3}$	$R_{2\pi/3}$	$R_{4\pi/3}$	R_0
$R_{4\pi/3}$	$R_{4\pi/3}$	R_0	$R_{2\pi/3}$

这两张表的结构完全相同，只是使用了不同的符号。如果我们把第一张表中的 0 改为 R_0，1 改为 $R_{2\pi/3}$，2 改为 $R_{4\pi/3}$，就得到了第二张表。从形式上看，这一特征可以用符号变化定义的映射 $f: Z_3 \rightarrow R$ 来表示：

$$f(0) = R_0,\ f(1) = R_{2\pi/3},\ f(2) = R_{4\pi/3}$$

或更简洁地写为

$$f(j) = R_{2\,j\pi/3}$$

其中，$j = 0, 1, 2$。该映射是双射，具有以下性质：

$$f(j + k) = f(j) + f(k)$$

这意味着这两张表具有相同的结构。

更一般地，设 G 和 H 都是群，如果映射 $f: G \rightarrow H$ 是双

射并且满足条件：对任意的 $g, h \in G$，都有

$$f(gh) = f(g) f(h)$$

则映射 f 是同构。此时称 G 和 H 是同构的，记作 $G \cong H$。

如果两个群是同构的，那么第一个群的任何只取决于抽象结构的性质对第二个群也是成立的。特别地，它们具有相同的阶数（回想一下，一个群的阶数就是它包含的元素的个数）。然而，我们很容易发现存在具有相同阶数但并不同构的群：例如，Z_6 和 D_3。两者的阶数都是 6，但前者是可交换的，后者不是。

子群

我们已经遇到过一些例子，其中一个群包含在另一个群中。正式概念的定义如下：

群 G 的子群是一个子集 $H \subseteq G$，使得：

（1）$1 \in H$。

（2）如果 $h \in H$，那么 $h-1 \in H$。

（3）如果 $g, h \in H$，那么 $gh \in H$。

下面是一些我们已经遇到过的子群的例子：

（1）Z_n 是 D_n 的子群。

（2）A_n 是 S_n 的子群。

（3）$SO(2)$ 是 $O(2)$ 的子群。

（4）T，O，I 和 $SO(3)$ 是 $O(3)$ 的子群。

如果我们把循环群 Z_n 理解为加法运算下的整数模 n 群，我们就可以列出其所有子群。事实证明，它们对应于能整除 n 的整数 m。对于每个这样的 m，都有一个子群

$$mZ_n = \{mj : j = 0, 1, \cdots, n/m - 1\}$$

与 $Z_{n/m}$ 同构。这些 mZ_n 是 Z_n 的所有子群。

例如，12 的约数为 1，2，3，4，6，12。因此 Z_{12} 的子群为：

$$1Z_{12} = Z_{12}$$

$$2Z_{12} = \{0, 2, 4, 6, 8, 10\} \cong Z_6$$

$$3Z_{12} = \{0, 3, 6, 9\} \cong Z_4$$

$$4Z_{12} = \{0, 4, 8\} \cong Z_3$$

$$6Z_{12} = \{0, 6\} \cong Z_2$$

$$12Z_{12} = \{0\} \cong 1$$

这些子群的阶数都是群阶数 12 的约数，这并非巧合。类似的性质在一般情况下也成立。

拉格朗日定理：设 G 是一个有限群。如果 H 是 G 的一个子群，那么 $|H|$ 能够整除 $|G|$。

例如，如果 G 是十二面体的旋转对称群，那么 $|G| = 60$。子群可能的阶数为 1，2，3，4，5，6，10，12，15，20，30，60。其中大部分阶数都会出现，但 15，20 和 30 不会出现。

元素的阶

设 G 是一个群，$g \in G$。g 的所有幂的集合

$$H = \{g^n : n \in \mathbf{Z}\}$$

是一个子群，即由 g 生成的子群。主要有两种可能性：

（1）g 的所有幂都是不同的。那么 $H \cong Z$，即整数的加法群。如果 G 是有限的，这种情况就不会发生。

（2）g 的两个不同幂相等。那么 $H \cong Z_k$，其中 k 是使得 $g^k = 1$ 的最小正整数。如果 G 是有限的，则这种情况必定发生。

g 的阶 $|g|$ 在第一种情况下为 ∞，在第二种情况下为 k。

由于 g 的幂形成一个子群，拉格朗日定理意味着当 G 有限时，每个元素的阶数都会整除 G 的阶数。例如，十二面体旋转对称群中各元素的阶数必须来自上面给出的子群阶数的列表。表 5 显示，其中只有阶数为 1，2，3 和 5 的元素实际出现。

共轭

某些物体的两重对称性可能本质上是相同的，只是应用的位置不同。例如，图 29 显示了正五边形的两个沿着不同轴线的反射 s 和 t，以及将 s 的轴线送到 t 的轴线的旋转 r。

从图 29 中可以清楚地看出，并且可以利用 D_5 的性质进行检验：

$$t = r^{-1}sr$$

也就是说，要在第一个轴上反射，需要先将该轴旋转到第二个位置，然后在该轴上反射，再旋转回来。

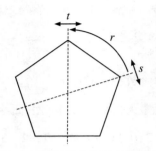

图29 正五边形的共轭反射对称性

一般来说，假设 G 是一个群，如果存在 $k \in G$ 使得 $h = k^{-1}gk$，则称两个元素 $g, h \in G$ 是共轭的。共轭元素的阶数总是相同的。与给定元素共轭的所有元素的集合称为共轭类。对于有限群 G，任何共轭类中元素的个数总是整除 G 的阶数。通俗地说，共轭元素的作用相同，只是位置不同。

正规子群、同态和商群

子群是从给定的群中衍生出更小群的显而易见的方法。然而，还有第二种更巧妙的构造，其起源可以追溯到伽罗瓦用根式求解方程。这就是所谓的商群，它是群论的基础。

例如，考虑一下正方形的对称群，其对称有两种：旋转（保持方向，即不翻转正方形）和反射（反转方向，即翻转正方形）。
翻转和非翻转的复合形成一个群：

$$非翻转 \times 非翻转 = 非翻转；$$

$$非翻转 \times 翻转 = 翻转；$$

$$翻转 \times 非翻转 = 翻转；$$

$$翻转 \times 翻转 = 非翻转。$$

也就是说，任何第一种类型的对称性与任何第二种类型的对
称性复合后，总是会产生第三种类型的对称性。抽象地说，
我们认识到这个群是 2 阶循环群。

再举个例子，考虑 n 个元素的置换群 S_n。置换具有奇偶
性：它们可以是偶的或奇的。两个置换的乘积的奇偶性仅取
决于置换本身的类型：奇的 × 偶的=奇的，以此类推。同样，
这两种类型本身自然地形成一个群，而且还是2阶循环群。

以这种方式构造的群称为商群。形式上，商群可以定义
为群的一种特殊分划：一种将群分成不相交的块的方法。假设
可以这样做，则各个块继承了群的结构。即：如果 g_1 和 g_2 在
同一块中，并且 h_1 和 h_2 在同一块中，那么 $g_1 h_1$ 和 $g_2 h_2$ 也在同

一块中。如果该性质成立，则这些块的集合就构成了一个群。在上面的例子中，对于正方形的对称性来说，块是翻转的或非翻转的；对于置换群来说，块是偶的或奇的。

直观上，我们可以将商群视为对群中的元素进行着色的一种方式，使得元素具有相同的颜色（当且仅当它们位于同一块中时）。上述条件意味着我们可以将任意两种颜色相乘，以获得明确的颜色。选择具有这些颜色的两个元素，将它们相乘，并求得乘积的颜色。这个条件确保了无论我们选择哪两个元素，乘积总是具有相同的颜色。现在商群的元素就是颜色，群运算就是颜色相乘。

现在我们有两个群：原始群 G 和颜色群 K。存在一个自然映射 $\varphi : G \to K$，其中 $\varphi(g)$ 是 $g \in G$ 的颜色。对于所有 $g, h \in G$，颜色相乘的一致性可归结为等式

$$\varphi(gh) = \varphi(g)\varphi(h)$$

具有这种性质的映射称为同态。它类似于同构，但不一定是双射。

虽然这种着色很容易被形象化，但要找到它们却并不容易。商群的另一种表征将它们与被称为正规子群的特殊子群关联起来。每当一个群有一个商群时，包含单位元的部分就形成一个子群。该子群的所有元素都具有相同的颜色——假设它是红色。我们断言在商群中红色 × 红色 = 红色。这是因为 $1 \times 1 = 1$，而 1 是红色。这意味着该群的红色部分在乘法下是封闭的。因为 $1^{-1} = 1$，所以它在逆运算下也是封闭的。因此它构成了一个子群。

所有的子群都是这样产生的吗？事实证明并非如此。事实上，对于 G 的某个商群来说，G 的子群 H 可以是包含 1 的部分，当且仅当 H 具有另一个性质，即正规性。这表明如果 h 是 H 的任意元素，而 g 是 G 的任意元素，那么 $g^{-1}hg$ 是 H 中的元素。这个条件是必要的，因为在 G 中我们有 $g^{-1}1g = g^{-1}g = 1$。这个条件也是充分的。定义 G 的一个分划为

当且仅当 $g_1 g_2^{-1}$ 是 H 中的元素时，g_1 和 g_2 属于同一部分。

这里分划的部分称为 H 的陪集。一些计算表明它们具有所需的

着色性质。商群用 G/H 表示。存在自然同态 $\varphi : G \to G/H$，将每个元素映射到其陪集，并且 H 的元素映射到 G/H 的单位元。因此，同态、着色和正规子群是描述同一概念的三种方式。

整数模 n 是 $\mathbf{Z}$ 的加法商群。该群是阿贝尔群，因此每个子群都是正规子群。例如，考虑子群 $N = 5\mathbf{Z}$，即由 5 的倍数组成。它的陪集如下：

$$N = \{5k : k \in \mathbf{Z}\}$$
$$N1 = \{5k + 1 : k \in \mathbf{Z}\}$$
$$N2 = \{5k + 2 : k \in \mathbf{Z}\}$$
$$N3 = \{5k + 3 : k \in \mathbf{Z}\}$$
$$N4 = \{5k + 4 : k \in \mathbf{Z}\}$$

这些会耗尽整个 $\mathbf{Z}$，因为每个数字除以 5 时都会留下余数 0，1，2，3 或 4。图 30（a）显示整数模 5 对应的颜色，图 30（b）显示颜色的组合。更一般地说，对于任何整数 $n \neq 0$，商群 $\mathbf{Z}/n\mathbf{Z}$ 就是整数模 n 的群 Z_n。

−15	−10	−5	0	5	10	15
−14	−9	−4	1	6	11	16
−13	−8	−3	2	7	12	17
−12	−7	−2	3	8	13	18
−11	−6	−1	4	9	14	19

（a）整数模5对应的颜色

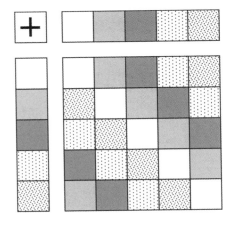

（b）颜色的组合

图30 整数模5对应的颜色和组合

第五章
群与游戏

　　群论不仅可以应用于科学，而且在游戏和拼图上也有应用。这里我们来看三个例子：第一个是十五谜题，群论证明了它是无解的；第二个是魔方，群论帮助我们拼好它；第三个是数独游戏，群论告诉我们有多少谜底，但对如何解决这些谜底几乎没有什么帮助。

　　1880 年，美国、加拿大和欧洲一些国家被一场短暂而狂热的游戏潮流所席卷，这股热潮始于 4 月，7 月就结束了。这个名为"十五谜题"的拼图游戏由时任纽约邮政局局长的诺伊斯·帕尔默·查普曼（Noyes Palmer Chapman）发明，专门从事木材加工的商人马蒂亚斯·赖斯（Matthias Rice）将其称为宝石拼图，牙医查尔斯·佩维（Charles Pevey）提供资金完成了这个拼图。这个拼图游戏也被称为老板拼图、第十五个游戏、神秘广场和第十五个拼图。它由 15 个滑动方块组成，编号为 1 ~ 15，最初的排列如图 31（a）所示，在右下角是一个空正方形。这个谜题的目的是把打乱的方块重新排列成图 31（b）的顺序，方法是将方块滑入空正方形，也就是通过方块的滑动来完成拼图游戏。

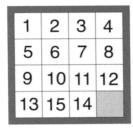

（a）初始状态　　　　　（b）结束状态

图 31　十五谜题

　　一百年后，类似的热潮蔓延到世界各地。但是这一次的谜题是移动的立方体，而不是正方形。魔方由匈牙利雕塑家和建筑学教授埃尔诺·鲁比克（Erno Rubik）发明。一个带有正在旋转的面的魔方如图 32 所示。迄今为止，全球已售出超过 3.5 亿个魔方。魔方的六个面各有一种颜色，每个面都可以旋转，并且一系列旋转后会打乱颜色。谜题的目标是把打乱的魔方恢复为最初的颜色。

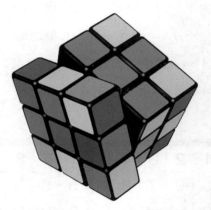

图 32　一个带有正在旋转的面的魔方

2005 年，又一股游戏热潮席卷全球：这次是一个组合谜题，玩家需要将数字 1 ～ 9 按要求填入 9 个 3×3 的子正方形格内，每行、每列和每个小正方形格都需要填入一个数字。有些数字已经被填入方格，谜题的目标是填完剩下的方格。这个游戏就是数独游戏（图 33 ）。现在它仍然非常流行，并经常出现在很多报纸的专栏中，是一种经常被采用的数字游戏。这些谜题都包含了相当多的令人难以置信的对称性，它们可以解释群论是如何阐明数学中的结构对称性的。接下来，我们将依次审视它们。

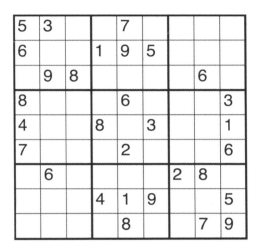

（a）数独谜题

5	3	4	6	7	8	9	1	2
6	7	2	1	9	5	3	4	8
1	9	8	3	4	2	5	6	7
8	5	9	7	6	1	4	2	3
4	2	6	8	5	3	7	9	1
7	1	3	9	2	4	8	5	6
9	6	1	5	3	7	2	8	4
2	8	7	4	1	9	6	3	5
3	4	5	2	8	6	1	7	9

（b）谜题的解答

图 33　数独游戏

十五谜题

十五谜题经常与著名的美国出谜人山姆·洛伊德（Sam Loyd）联系在一起，他声称他在 1870 年就已经掀起了这个谜题的热潮。然而，洛伊德与这个谜题的接触仅限于在 1896 年写下了它。他通过提供 1 000 美元的奖金来重新点燃社会对十五谜题的兴趣，这在当时是一大笔钱。但洛伊德的钱并没有支付出去，正如他所料，在 1879 年，威廉·约翰逊（William Johnson）和威廉·斯托里（William Story）证明了十五谜题是无法解决的。

他们的论点涉及拼图的"潜在"对称群，该群包含 16 个方块的所有可能的置换，这 16 个方块包含 15 个滑动方块和一个空正方形，为方便表述，我们将空正方形标记为 16，因此它是对称群 S_{16}。因为它包含了重新排列滑动方块的所有可能方式，所以这是一个对称群。然而，由所有合法（遵守游戏规则的）移动产生的"实际上的"对称群是一个真子群：并非所有的排列顺序都能用规定动作来实现。

原因如下：滑动一个方块实际上是将该方块与空正方形

对换，这是一个 2 阶置换。如果我们像棋盘一样给方块着色，如图 34 所示，那么每次这样的移动都会改变与空正方形关联的颜色。因此，由偶数个移动构成的序列将不改变空正方形的颜色，而由奇数个移动构成的序列将改变空正方形的颜色。十五谜题要求空正方形结束时在其最初位置，因此为实现拼图而移动所构成的任何排列顺序必须是偶数个对换的乘积。因此它是一个偶置换。

然而，解决谜题所需的置换是对换 14 与 15 这两个方块，这是一个奇置换，因此不存在解。

图 34　将十五谜题中的方块着色

事实上，此证明构造了一个不变量——任何一个移动都不改变谜题状态的性质。如果一个整数是偶数，则将此整数的奇偶校验定义为 0；如果一个整数是奇数，则将其定义为 1。奇偶校验在模 2 的意义下可以做加法：$0+0=0$，$1+0=0+1=1$，并且 $1+1=0$。棋盘上的方块也可以分配一个奇偶校验：0 表示白色，1 表示黑色。不变量是移动次数的奇偶校验加上空正方形的奇偶校验。任何移动通过 1 进行改变，因此它们的和通过 $1+1=0$ 进行改变。初始位置具有不变量 0，所需的最终位置具有不变量 1。这就证明了不可能性。

证明这个奇偶校验的和是唯一的不变量是非常简单的：如果拼图的两个位置具有相同的不变量，则存在一个移动序列把拼图从一个位置移动到另一个位置。因此，从任何初始状态开始，合法的移动数目恰好可以达到 16! 种排列的一半，可以计算出一共有 $16!/2 = 10\ 461\ 394\ 944\ 000$ 种排列，这个数字是如此之大，玩家总是意识到还有非常多的可能性。这会鼓励他们认为任何排列都是有可能的。

魔　方

可从标准配置中获得的魔方的不同排列个数等于通过复合六个面的旋转所获得的变换群的阶数，我们称之为魔方组。为计算其阶数，我们忽略拼图的约束，先计算重排的总数。

也就是说，我们考虑把魔方拆开，然后重新组装。随后我们计算出这些排列中有多少可以从标准位置通过旋转得到。

有一些常用的术语。魔方的 27 个组成部分被爱好者称为"块"。它们的面，即小的彩色方块，被称为"面"。有四种块：看不见的中心立方体小块、每个面的中心（中心块）、在边的中间的块（棱块）和位于顶角的块（角块）。中心立方体小块和中心块起不到显著作用：中心立方体小块是固定的，中心块旋转但不移动。所以我们把注意力集中在 12 个棱块和 8 个角块上，并假设中心立方体小块和中心块处于标准配置。

有 8！种方式重新排序角块。每种方式都可以向三个不同的方向旋转。因此，考虑到六个面各有颜色，总的排列的数目是 $3^8 \times 8!$。类似地，中心块的排列数目为 $2^{12} \times 12!$。所以可能的对称群的阶数是

$$3^8 \times 8! \times 2^{12} \times 12! = 519\ 024\ 039\ 293\ 878\ 272\ 000$$

我们断言对称群实际上的阶数是上面数目的十二分之一。所以其阶数为

$$3^8 \times 8! \times 2^{12} \times 11! = 43\ 252\ 003\ 274\ 489\ 856\ 000$$

证明涉及三个不变量，这三个不变量在块及其颜色上强加了

条件：

（1）块的奇偶校验位。图 35（a）展示了魔方的一个面，除了中心块的面外，其他所有的面都标有数字 $1 \sim 8$，以及沿顺时针方向旋转四分之一圈的结果。对应的置换为

$$\begin{pmatrix} 1 & 2 & 3 & 4 & 5 & 6 & 7 & 8 \\ 7 & 8 & 1 & 2 & 3 & 4 & 5 & 6 \end{pmatrix}$$

它可分解为循环置换的复合（1753）（2864）。每个 4 周期循环置换是奇的，因此乘积是偶数。所有其他块都是不动的，因此任何四分之一圈的旋转都是偶的。因而魔方群的任何元素作为块的置换都是偶的。

（2）棱块的奇偶性。图 35（b）显示了魔方一层上四个棱块的八个面上的类似标记。转动四分之一圈后，这八个面会产生相同的排列，而所有其他棱块的面则保持不变。因此，魔方群中的任何元素作为棱块的面的排列都是偶的。有一种额外的限制情况需要注意：将所有棱块固定，但翻转其中一个棱块的面，则魔方的奇偶性为偶，但棱块的奇偶性为奇。

（3）角上的三元性。对角块的 24 个面进行编号，使得两个相对面上的数字被标记为 0，并且在每个角上数字按 0，1，

2 的顺序沿顺时针方向循环，如图 35（c）所示。令 T 是任意一对相对面上的数字之和，这里的总数是 0 和 6，但模 3 后都约化为 0。我们称 T 为排列的三元性。可以验证面的任何四分之一、二分之一或四分之三圈都使得所有面的总数模 3 为 0。所以魔方群保持三元性，任意合法排列的三元性为 0。然而，很容易发现非法排列的三元性是 1 或 2：只需旋转一个角块，而其他的块保持不动。

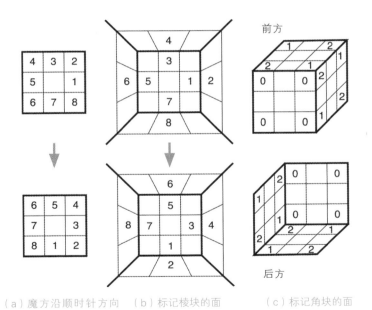

（a）魔方沿顺时针方向 　（b）标记棱块的面 　　（c）标记角块的面
　　旋转四分之一圈的
　　效果

图 35　魔方群的不变量

这些不变量分别对应于从可能的对称群 G 到群 Z_1、Z_2 和 Z_3 的三个同态。因此它们对应于三个正规子群 N_1，N_2 和 N_3，它们的阶数分别为 $|G|/2$，$|G|/2$ 和 $|G|/3$。如前已经观察到，在不同的语言中，N_1 和 N_2 是不同的。N_3 也是如此，因为 3 对于 2 来说是素的。基本的群论告诉我们，$N = N_1 \cap N_2 \cap N_3$ 是 G 的正规子群，其阶数为 $|N| = |G|/12$。（这里 $12 = 2 \times 2 \times 3$。）

对于魔方组的元素来说，所有三个不变量都是0，因此它必须包含在N中。详细而冗长的分析表明，实际上魔方群等于 N。其基本思想是找到足够多的移动序列来任意排列几乎所有的块和面，然后观察其余的移动序列是否由三个不变量决定。在构建这种移动时，可以利用群论的优势。详细内容可参考汤姆·戴维斯（Tom Davis）的"从魔方看群论"网站；埃尔诺·鲁比克（Erno Rubik）、塔马斯·瓦尔加（Tamas Varga）、杰拉松·克里（Gerazon Keri）、捷尔吉·马克思（Gyorgy Marx）和塔马斯·维克迪（Tamas Vekerdy）的《魔方大全》；以及大卫·辛马斯特（David Singmaster）的《魔方笔记》。下面介绍群论。

事实证明，角块有 7 个可以独立选择的方向，但它们通过三元性固定第 8 个角，这样角块只有 $8! \times 3^7$ 个可能性可以通过合法的移动来实现。12 个棱块根据块的奇偶校验位仅以 $12!/2$ 种方式置换。在这些棱块中，有 11 个可以独立转动，但最后一个可以通过棱块面上的奇偶校验固定。计算这些可能性，我们发现一共有 $8! \times 3^7 \times 12! \times 2^{10}$ 重排方式。这等于 N 的阶数，所以 N 是魔方群。

群论有助于解决魔方问题。其中，共轭变换的概念被使用得尤为广泛，但并不总是明确地使用。爱好者学习宏指令，转动魔方来产生有特定效果的组合。例如，宏指令可能会翻转两个相邻的棱块，而使其他块保持不变。这里的"相邻"指的是它们挨着相同的角块。现在，假设我们要翻转两个不相邻的棱块，而保持其他块不变。宏指令不起作用，但共轭起作用。执行一系列移动 s，将这两个棱块彼此相邻。这把其他块也搞乱了，但可以忽略这一点。由于棱块现在相邻，因此可以使用宏指令 m。最后，求移动 s 的逆得到 s^{-1}。所有的混乱都被解决了，除了开始的两个棱块——这些都是翻转。这是怎么做到的？答案是使用序列 $s^{-1}ms$，它是宏指令 m 的共轭。

我们将用一个自然的问题结束对魔方的讨论，它的答案需要详细地理解其对称群。找出能将任意起始位置恢复到标准位置的最少移动次数，这里一个移动是单个面通过任意个直角的旋转。在2010年，一个由数学家、工程师和计算机科学家组成的团队——托马斯·罗基基（Tomas Rokicki）、赫伯特·科西姆巴（Herbert Kociemba）、莫利·戴维森（Morley Davidson）及约翰·德思里奇（John Dethridge）——使用计算机证明了最小旋转数是20。

数　独

数独是一个组合谜题，需要根据特定的规则排列符号。使用数字作为符号是一个方便的选择，但谜题不涉及计算。它的解决方案涉及逻辑演绎链——智能试错，消除不正确的选择——并且可以形式化为计算机算法。这些算法通常用于设计和检查数独谜题。

数独的历史通常可以追溯到1783年的莱昂哈德·欧拉（Leonhard Euler）时代。他熟悉九宫格。是把数字排列在正方形网格中，使得它的所有行和列具有相同的总数。欧拉笔下的"一种新型的魔方"是这个主题的变体。一个典型的例子如下图 36 所示。

1	2	3
2	3	1
3	1	2

图 36　九宫格

行和列的总和都是一样的，即 6，所以这是一个九宫格，虽然它违反了使用连续数字各一次的传统条件，且对角线的和不起作用。它是拉丁方块的一个例子：在 $n \times n$ 个正方形网格上排列 n 个符号，每个符号在每一行和每一列中只出现一次。这个名字的出现是因为符号不需是数字，可以是拉丁字母，即罗马字母。

欧拉追求的是更远大的目标，并写道：

有一个非常奇特的问题，它在一段时间内锻炼了许多人的聪明才智。我也参与了以下研究，这似乎开辟了一个新的分析领域，特别是组合研究。问题围绕着从 6 个不同的军衔和 6 个不同的团中抽取 36 名军官来排列，使得他们排列成一个正方形，并且在每一行（水平和垂直）里有 6 名不同军衔和不同团的军官。

他的拼图要求有两个 6×6 的拉丁方块，每一块对应两组符号中的一组。要求它们是正交的：每对符号正好出现一次。欧拉无法解决这一难题，但他确实为所有奇数 n 和所有 4 的倍数构造了正交的 $n×n$ 的拉丁方块。很容易证明不存在这样的 2 阶方格。这样就只剩下 $n=6$，10，14，18 等的情形。欧拉猜测在这些情形下不存在拉丁方块的正交对。1901 年，加斯顿·塔里（Gaston Tarry）对 6×6 的拉丁方块证明了欧拉的猜想，但是在 1959 年，欧内斯特·蒂尔登·帕克（Ernest Tilden Parker）建造了两个正交的 10×10 的拉丁方块。1960 年，帕克、拉吉·钱德拉·博斯（Raj Chandra Bose）和沙拉达钱德拉·尚卡尔·什里坎德（Sharadachandra Shankar Shrikhande）证明了欧拉猜想对于所有较大的阶数都是错误的。

完整的数独网格是一种特殊类型的拉丁方块：对 3×3 的子方块引入了额外的约束。一共有多少种不同的数独网格呢？2003 年，在名为 rec.puzzles 的网络讨论组上共有

$$6\ 670\ 903\ 752\ 021\ 072\ 936\ 960$$

个解答，但没有给出详细的证明。2005 年，伯特伦·费尔

根豪尔（Bertram Felgenhauer）和弗雷泽·贾维斯（Frazer Jarvis）在计算机的帮助下，依靠一些合理但未经证实的断言给出了详细的计算。9×9 的拉丁方块的数量大约是 3×3 的拉丁方块的一百万倍。但是，数独网格具有几种类型的对称性：在遵守所有规则的同时重新排列给定网格的方法。最明显的对称性是9个符号的置换，即对称群 S_9。此外，只要保留三块结构，就可以排列行；列也是类似的；整个网格可以在对角线上反映出来。可以证明这个对称群的阶数为 $2 \times 6^8 = 3\ 359\ 232$。

当我们问如下这个基本问题时，这个群就会发挥作用：如果我们考虑与对称相关的网格，一共有多少个不同的网格是等价的？ 2006 年，弗雷泽·贾维斯和艾德·罗素（Ed Russell）计算出这个数为 5 472 730 538，这不是被 3 359 232 整除的所有数，因为某些网格具有非平凡对称性。

这个计算的关键是轨道计数定理，通常被称为伯恩赛德引理。假设群 G 通过置换作用在集合 X 上。给定任何元素 $x \in X$，我们可以将群的所有元素 g 作用于 x，得到 $g(x)$。所有这些元素构成的集合称为 G 在 X 上的轨道。轨道要么相同，要么不相交，因此它们可以划分集合 X。通过轨道计数定理，

得到不同轨道的数量为

$$\frac{1}{|G|}\sum_{g\in G}|\mathrm{Fix}_X(g)|$$

这里 $\mathrm{Fix}_X(g)$ 是在 g 作用下不变的元素的数目。也就是元素 x 使得 $g(x)=x$。

　　下面是这个定理的一个简单例子。用黑白两色为 2×2 的棋盘着色，共有 $2^4=16$ 种方法；图 37 展示了所有方法。然而，其中许多着色方式在 2×2 的方形板的对称下是等价的。例如，编号 2，3，5，9 都是相同基本模式的旋转。表 7 列出了对称群 D_4 的 8 个元素保持恒等的模式，以及它们的数目。

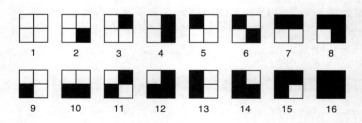

图 37　为 2×2 的棋盘着色的 16 种方法

轨道计数定理告诉我们，轨道数为

$$\frac{1}{8}(16+2+4+2+4+4+8+8)=6$$

事实上，轨道数为 $\{1\}$，$\{2，3，5，9\}$，$\{4，7，10，13\}$，$\{6，11\}$，$\{8，12，14，15\}$ 和 $\{16\}$。

表 7　D_4 的轨道数据

恒等	所有 16 个模式	模式数量
旋转 π/2	1，16	2
旋转 π	1，6，11，16	4
旋转 3π/2	1，16	2
水平轴上的反射	1，4，13，16	4
竖直轴上的反射	1，7，10，16	4
\ 方向对角线上的反射	1，2，5，6，11，12，15，16	8
/ 方向对角线上的反射	1，3，6，8，9，11，14，16	8

相对来说，简单的游戏和谜题可能有很大的对称群，有时可能会提出当今强大机器也难以回答的问题。它们还说明了群论的基本概念，如排列的奇偶性和轨道计数定理如何解决组合问题，或者证明它们没有解。

第六章
自然模式

对称在自然界中非常普遍，对我们与生俱来的图案感有着很强的吸引力。图 38 显示了生物学中的三个实例。图 38（a）是一只名为蓝闪蝶的蝴蝶。这种蝴蝶的属有 80 多种不同的蝴蝶，主要栖息在南美洲和中美洲。图 38（b）是在澳大利亚南部和新西兰周围海域发现的十一臂海星。它的直径可以达到 30 厘米。图 38（c）是以横截面显示的鹦鹉螺壳。鹦鹉螺是一种头足类动物，目前有 6 个不同的物种存在。

蝴蝶具有双边对称性。如果它围绕其中心轴向左/右反射，它看起来（几乎）是相同的，就像在镜子里一样。双侧对称性 D_1 在动物界广泛存在。

人类就是一个例子：一个人在镜子里看起来和本人是一样的。在细节上，人类并不是完全对称的——面部在反射时通常看起来略有不同（图 39）。镜子里亚伯拉罕·林肯

（Abraham Lincoln）的头发梳到了另一边。人体内部还有其
他不对称性，例如心脏通常在左侧，肠道不对称地缠绕，等等。

（a）蓝闪蝶　　　　　（b）十一臂海星　　　　（c）鹦鹉螺壳

图 38　三个对称生物

（a）林肯　　　　　　　　　　（b）林肯的镜像

图 39　林肯与他的镜像

图 40（a）显示了通过获取图 38（a）的右半部分并将其
与垂直线中的镜像相连接而创造的人造蝴蝶。它与最初的蝴
蝶几乎一模一样。如图 40（b）所示，将十一臂海星适当地平

铺在一个平面上，则是一颗几乎完全对称的十一面规则多角形。它的对称群是 D_{11}。

鹦鹉螺壳的对称性更加微妙。将这个形状延伸到无穷大，确实非常接近于对数螺旋。对于合适的常数 k，它在极坐标下的方程为 $r = e^{k\theta}$。图 40（c）显示了叠放在鹦鹉螺壳上的对数螺旋。如果对固定的 φ，我们平移角度 θ 到 $\theta+\varphi$，则方程变换为 $r = e^{k(\theta+\varphi)} = e^{k\varphi}e^{k\theta}$，所以半径要乘以固定因子 $e^{k\varphi}$。这种比例的变化被称为扩张；在欧几里得几何中，扩张对相似三角形起到了重要的作用，这类似于刚体运动相对于全等三角形的作用。

（a）蝴蝶的右半部分及　　（b）十一面规则　　（c）叠放在鹦鹉螺壳上
　　其镜像　　　　　　　　多角形　　　　　　　的对数螺旋

图 40　自然界中的对称案例

理想化的鹦鹉螺壳在旋转下不对称，而且在扩张下也不对称。然而，它们适当的复合变换是对称的：通过 φ 角度的旋转并且进行 $e^{-k\varphi}$ 扩张。事实上，对任意 φ，这是一个对称。所以无限对数螺旋的对称群是一个无限群，每个实数 φ 都有一个元素。两个这样的变换通过增加相应的角度来复合，因此这个群在加法下与实数同构。

当然，生物的对称性从来都不是完美的。数学对称性是一个理想化的模型。然而，稍微不完美的对称性需要得到解释，仅仅说"这是不对称的"是不够的。典型的不对称形状与其镜像非常不同，而不是几乎完全相同。

生物体的双边对称性

为什么许多生物体是双边对称的？整个故事很复杂，而且还不完全清楚，以下是一些关键问题的大致轮廓。

有性繁殖生物从融合了卵子和精子的单个细胞发育而来。最初，它大致是球形的。然后，它经历了 10 ～ 12 次细胞的重复分裂，细胞分为 2 个，4 个，8 个，16 个，……，整体大小大致保持相同。刚开始的几次分裂会破坏球形的对称性，胚胎区分了前和后（前后轴）、顶部和底部（腹背轴），以及左和右。在随后的发育中，前两重对称性也很快丢失，但胚胎倾向于保留左右对称性，直到生物体变得相当复杂。

发育是细胞自然"自由运行"的化学及力学过程与遗传"指令"的结合，以使得发育过程保持在正轨上。自由运行的动力学似乎会自动保持左右对称性，但左右两侧很容易形成差异，因此需要一些遗传调节来保持对称性。镜面对称的发育过程很早就进化出来了，并且进化可能选择双边对称，因为这更容易控制运动（想象一下一个人用一条短腿和一条长腿走路），更深层的原因是同一个发育计划实际上可以使用两次。

人体的内部结构往往被迫变得不对称。人类的肠道太长，在体腔内必须折叠，而且没有对称的折叠方法可以容纳它。但有充分的证据表明基因也参与其中，我们已经发现许多转送不对称信号的生物分子。1998 年，科学家发现基因 Pitx2 在老鼠、小鸡和非洲爪蟾（一种青蛙）胚胎的左心脏和肠道中表达（被激活）。若该基因不能正确表达，会导致器官错位。同年，科学家发现如果把蛋白质 Vg1——一种与左右不对称相关的生长因子——注射到非洲爪蟾胚胎右侧的特定细胞中

（这种蛋白质通常不会存在于此），内部器官的整个结构就会翻转为通常形式的镜像。进一步的实验验证了 Vg1 是建立左右轴发育路径的早期步骤的想法：无论哪一侧获得 Vg1，在正常发育方面都成为"左"侧。

也有人认为双边对称性在性选择中发挥作用。性选择是一种进化现象，其中雌性偏好与雄性特征相互作用（有时是相反的方式），创造出一场进化的"军备竞赛"，驱使雄性发育出夸张的身体形态。如果没有这种选择压力，就会降低生存繁殖的可能性。巨大的孔雀尾巴就是一个标准的例子。这些偏好可能是任意的，但任何与"良好基因"相关的偏好都会增强生物适应性。由于对称发育受遗传影响，外部对称性可以作为良好基因的外在表现。因此，每种性别都喜欢另一种性别自然的对称特征。实验表明雌性燕子较少被尾巴不对称的雄性燕子所吸引。对日本蝎蝇来说，翅膀的对称性也是如此。

关于不同基因在脊椎动物、棘皮动物（例如海星的五重对称性）和花的对称发育中的作用，人们已经知道很多。1999 年，人们发现在一种名为柳穿鱼的植物中发生的突变可以把花的双侧对称性变为放射状对称性。这种突变影响一种叫作 Lcyc 的基因，并在突变体中"将其关闭"。生物对称的原因是复杂而微妙的。

动物步态

生物的对称性不仅影响它们的形状，还影响它们的运动方式。这种现象在四足动物的运动中尤其引人注目：马可以低速行走，以中间速度小跑，或以高速疾驰。许多动物在小跑和疾驰之间还有第四种运动模式，即慢跑。骆驼和长颈鹿则使用另一种模式：有节奏地踱步；兔子和松鼠等小动物则采用跳跃的方式；猫狗可以行走、小跑和跳跃；猪可以行走和小跑（图 41）。在整个动物王国，四足动物采用一个小的、标准化的运动模式，我们将其称为步态。

步态分析至少可以追溯到亚里士多德。他认为一匹小跑的马永远不可能完全离开地面。直到埃德韦尔德·迈布里奇（Eadweard Muybridge）开始使用大量静态相机拍摄一系列运动中的人类和动物的照片，这个主题才真正开始得到关注。只有这样，才有可能确切地看到动物在做什么。而他拍摄观察的结果是一匹小跑的马在某些时刻可以完全离开地面运动。

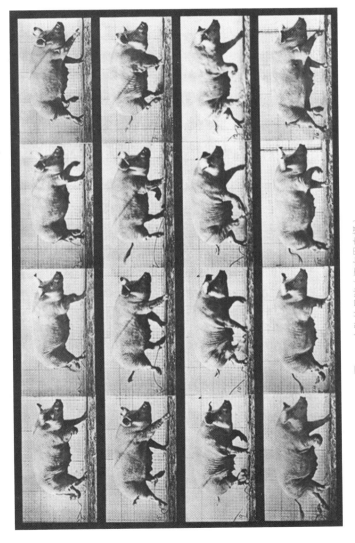

图 41　小跑的母猪（迈布里奇摄）

这使得不相信此事的加利福尼亚州前州长利兰·斯坦福（Leland Stanford）输掉了与迈布里奇的这场"赌局"。

步态是周期性的运动，是对实际动物运动的理想化，可以根据动物做出的决定而停止、开始或改变。理想的步态是重复相同的步态循环。如果两条腿遵循相同的循环，但一条腿相对于另一条腿有时间延迟，那么这种时间上的差异被称为相移。在这里，我们使用相应的周期来衡量这种相移。

像所有周期运动一样，步态具有时间平移对称性，可以通过任意整数个周期改变相位。步态还具有一种空间对称性，即步态的双边对称性。然而，对步态模式建模时建议考虑另一种对称性——步态的时空对称性，这种对称性适用于模式，但不适用于动物本身。例如在一次跳跃中，动物的两条前腿一起着地，然后两条后腿一起着地，结合半周期相移，有一个前后交换的对称性（图42）。这不是动物身体的对称，但它明显存在于几种步态中，而且对步态模式的建模和预测至关重要。

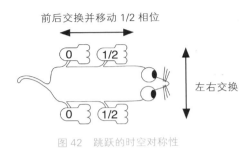

前后交换并移动 1/2 相位

左右交换

图 42　跳跃的时空对称性

步态分析学家长期以来一直对对称步态（如行走、踱步和跳跃）与不对称步态（如慢跑和疾驰）进行区分。腿的排列对称性完善了这种分类，并将步态模式与动物神经系统中被称为中枢模式发生器的结构联系起来，该结构被认为负责控制运动的基本节奏。一些标准步态的时空对称性可以用四条腿首先着地的步态周期来概括，如图 43 所示。这里，我们将左后腿着地记为周期开始，这在数学上方便记录。

在这里，出现在对称步态中的分数 1/4，1/2，3/4 基本是精确的，并且不会因动物而异。出现在不对称步态中的分数 1/10，6/10，9/10 变化较大，并且会根据动物种类及其移动速度变化。

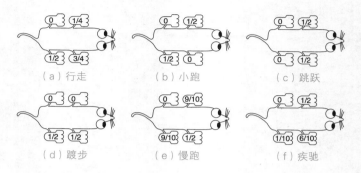

图 43　一些标准步态的时空对称性

固定这些步态的排列对称性，当与适当的相移相结合时，可以非正式地描述如下：

（1）在行走中，腿按"左前→右前→左后→右后"顺序循环，每两条连续的腿之间的相移为 1/4。

（2）在小跑中，相应的一对对角腿是同步的。前后交换，或左右交换的相移为 1/2。

（3）在跳跃中，相应的左腿和右腿是同步的。前后交换的相移为 1/2。

（4）在踱步中，同侧的前腿和后腿是同步的。左右交换的相移为 1/2。

（5）在慢跑中，一侧腿的相移为 1/2，另一侧腿是同步的。

（6）在疾驰中，从前腿到后腿的相移为 1/2。（左腿和右腿几乎同步，但并不完全同步。）更准确地说，这种步态是一种横向奔跑，例如马的步态。猎豹使用旋转奔跑的步态，其中前腿的相位互换。

这些步态模式与在相同振荡器组成的闭环中观察到的模式非常相似。例如，如果四个编号为 0，1，2，3 的振荡器依次连接在一个环中，每个振荡器都影响下一个振荡器（但不会反向影响），则周期振荡的主要自然模式（"初级"振荡）为

0	1	2	3
0	0	0	0
0	1/4	1/2	3/4
0	3/4	1/2	1/4
0	1/2	0	1/2

如果以合适的方式将振荡器分配给腿部，第二种模式类似于行走。在相同的分配方式中，第三种模式类似于向后行走。第四种模式类似于跳跃、蹿步或小跑。这具体取决于以何种方式将振荡器分配给腿部。

四个振荡器周期振荡的模式包括一种尚未提及且与步态相关的相移模式：所有四条腿同步。这种步态确实会出现在羚羊等动物中，并被称为径直起跳（或弹跳）。动物在跳跃时四条腿可以同时离开地面。这种步态被认为是为了迷惑捕食者而进化出来的，但这只是一种猜测。

我们有充分的理由认为，步态模式的中枢模式发生器必须具有这种一般类型的循环群对称性，才能以稳健的方式生成所观察到的模式[①]。由于涉及面太广，无法在这里赘述。在原理图描述中，最接近观测模型的中枢模式发生器结构包括两个环，每个环由四个神经细胞"单元"组成，以镜像对称的方式左右连接。每个环控制动物一侧腿的基本时间，但两个神经细胞"单元"控制后腿的肌肉，另外两个神经细胞"单元"控制前腿的肌肉。分配给给定腿的神经细胞"单元"在环中不相邻，而是交替间隔。这种架构预测了所有常见的步态模式，但它不能预测可能出现的无数种其他步态模式。关于步态的文献很多，对称性分析只是这个复杂而迷人的领域中的一小部分。

---

① M. M.Golubitsky，D. Romano，Y. Wang. Network periodic solutions: patterns of phase-shift synchrony [J]. Nonlinearity，2012，25：1045—74.

沙　丘

大自然创造对称物体的倾向在被风吹过的沙漠形成的沙丘中表现得尤为突出。沙漠中没有太多的结构，风往往不是在一个主要方向上吹（盛行风），就是在不断变化。这两个特征听起来都不像是可能导致对称的成因，但沙丘往往会呈现出惊人的对称图案。

地质学家将沙丘分为六种主要类型：纵向、横向、弓形、新月形、抛物线形和星形（图44）。沙漠中的沙丘所具有的对称性都是近似的对称性，不是理想化的数学模型对称。在实验和计算机模拟中，"沙漠"完全平坦和均匀，风以常规方式吹，对称性更接近于理想化的数学模型。

当在固定方向上有强烈的盛行风时，纵向和横向沙丘都出现在等距的平行线中。实际上，它们是沙地上的条纹。纵向沙丘与风向一致。横向沙丘与风向呈直角。弓形沙丘类似于横向沙丘，但它们有扇形边缘，好像条纹图案开始瓦解。

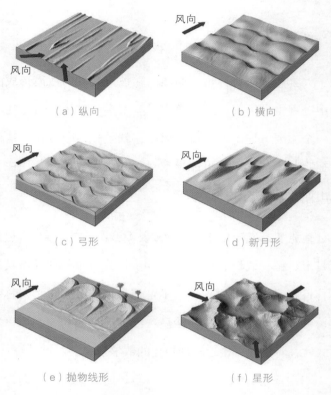

（a）纵向 （b）横向

（c）弓形 （d）新月形

（e）抛物线形 （f）星形

图 44　沙丘形状

　　新月形沙丘的每个沙丘都是一个月牙形的沙墩，月牙的
两个尖端指向风的方向。新月形沙丘经常在附近形成沙丘的
"群"。在沙丘模型中，这些沙丘通常具有相同的形状和大小，
并且在格子中规则间隔。而在现实中，它们是不规则间隔的，

可以有不同的大小。沙子被吹到沙丘的前部，从顶部落到远处；在月牙的尖端，沙子也流向侧面。结果，整个沙丘顺风缓慢移动，并保持相同的形状。在埃及，整个村庄可能会消失在前进的新月形沙丘中，几十年后，只有当沙丘继续前进时，整个村庄才会重新出现。

抛物线形沙丘表面上像新月形沙丘，但方向相反：月牙形的两个尖端与风向相对。它们往往在海滩上形成，那里的植被被沙子覆盖着。星形沙丘是孤立的尖脊沙丘，当风向非常不规则时，就会成群出现。它们呈星形，有三四个尖端。

对称性不仅帮助我们将这些模式分类，还帮助我们了解它们是如何产生的。如图45所示，沙丘是数学和物理学中许多模式成型系统的典型代表，它们体现了对这些系统的普遍而有力的思考方式。关键思想被称为对称性破缺。乍一看，观察到的状态的对称性小于其原因的对称性，这似乎违反了居里的不对称原理（参见第二章）。然而，这一个微小的不对称扰动可用来创建这种状态，所以从技术上讲，居里是正确的。

想象一个非常规则的沙漠模型，其中风以恒定的速度和什么是对称学?

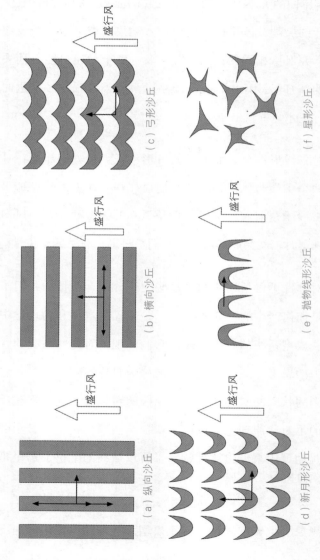

（a）纵向沙丘　　（b）横向沙丘　　（c）弓形沙丘

（d）新月形沙丘　　（e）抛物线形沙丘　　（f）星形沙丘

图 45　沙丘模型及其对称性

盛行风

144

恒定的方向吹过最初平坦的无限大的沙漠。系统的对称性包括与风向有关的所有刚体运动，如平面的平移，以及任何平行于风向的直线上的左右反射。

如果沙子的轮廓具有完全对称性，则任何点都可以平移到其他点，那么沙子在任何点的深度都相同，所以我们得到了一个平坦的沙漠。然而，这种状态可能会变得不稳定。我们直觉上期望风变得足够强劲——同时保持均匀——来扰乱沙粒。然而，微小的随机效应会导致一些沙粒移动，而其他沙粒则留在原地。微小的下沉和颠簸开始出现。漩涡从颠簸的侧面逐渐减弱，局部风速可能增大。这些影响可以通过反馈放大，并且打破对称性。

平面在两个方向上具有独立的平移对称性：平行于风向，或者与风向呈直角。如果直角处的平移对称性被打破，最有对称可能的不是被所有的平移固定的模型，而是由一个子群固定、通过某个固定长度的整数倍得到的平移的模型。其结果就是得到平行波。波在所有平行于风向的平移下都是不变的，所以它们看起来就像一列平行的条纹，朝着风向移动，即纵向沙丘。

如果沿风向的平移对称性被打破，也会发生同样的情况，但现在沙浪与风向呈直角，所以我们得到了横向沙丘。

当第二重对称性被打破时，就会形成弓形沙丘：所有与风向呈直角的平移构成的群。同样，这成为一个离散的子群，沿沙脊创建波纹模型。波纹间距相等，形状相同。平移对称群像是晶格：它的生成元将整个沙脊向前移动一步或向侧面移动一步。每个波纹在所有平行于风向的镜线中也是双边对称的，并且通过了每个波纹的顶点或两个顶点中间的点。所以一些反射对称性被打破了，但有些没被打破。

单个新月形沙丘也有这种类型的镜像对称性，新月形沙丘的理论阵列也是如此。气流和沙子流动的详细模型解释了新月形沙丘的成因，它是由从沙丘整体流动中分离出来的一个大涡流造成的。

抛物线形沙丘完全打破了沿风向的平移：它们被固定在海滩边缘。它们在由横向平移和反射构成的一个离散群下对称，这类似于新月形沙丘的情形。

星形沙丘在没有主风向时形成。也可以认为它们已经失去了所有的对称性，但是它们有旋转对称的痕迹——它们的星形可能对应于平均风向的旋转对称性。

当我们考虑这些模型的对称性，以及每个模型与其他模型的关系时，我们开始在看似杂乱无章的内容中看到一定程度的秩序。对对称性的群论分析，以及它们是如何被打破的，揭示了更深层次的结构。具有讽刺意味的是，居里的不对称原理只适用于比对称方程加上小的随机扰动的数学模型更理想化的世界中，即一个缺乏随机扰动的世界中。它告诉我们，任何对模型的解释都必须涉及对称性的破裂，但它没有解释随后出现的任何模式。

星　系

星系具有美丽的形状，但它们是对称的吗？我们的第一反应是"是的"，但推理过程依赖于模型假设及我们应该考虑哪种对称性。

星系最引人注目的特征是它的螺旋形式。这通常接近于对数螺旋，例如我们所在的星系——银河系——的螺旋臂大致是这种形式。当讨论鹦鹉螺壳时，我们看到对数螺旋是具有对称的连续族：扩张一定量并以相应的角度旋转。严格来说，这种对称性仅适用于完全的无限螺旋。真正的星系是有限范围的，有限的螺旋不可能有扩张加旋转的对称性。但是，将有限模式建模并作为理想的无限模式的一部分是合理的，并且是普遍的，因此这种反对意见几乎没有分量。事实上，我们刚在沙丘上应用了这种模型。一个更重要的反对意见是螺旋臂不能延伸得足够远来保证螺旋确实接近于对数螺旋。

看一眼星系的图像就会发现，许多星系在旋转180°后非常接近对称性。图46显示了两个例子：螺旋星系和棒旋星系NGC 1300。前者是螺旋，后者是棒状螺旋。图46显示了每个星系的图像及相同的图像旋转180°后的图像。乍一看，很难分辨出其中的区别。

根据目前许多星系动力学的数学模型，螺旋星系或棒旋星系的臂可能是旋转的波。随着时间的流逝，它们保持相同的形状，围绕星系的中心旋转。（也有人认为棒旋可能是由混沌动力学产生的。[1]）波被认为是密度波，所以最密集的区域并不总是包含相同的恒星。声波是一种密度波，当声音

[1] Panos A, Patsis. Structures out of chaos in barred-spiral galaxies [J]. *International Journal of Bifurcation and Chaos*，D-11-00008.

通过空气时，某些部分被压缩，压缩的区域像波浪一样行进。然而，空气分子不会随压缩波传播，它们保留在接近其原始位置的地方。无论螺旋臂是恒星的波还是密度波，旋转波都具有连续的时空对称性：等待一段时间，然后旋转适当的角度后对称。所以事实上星系是高度对称的，而且对称性限制了它们的形式。

（a）螺旋星系

（b）螺旋星系的图像旋转180°

（c）NGC 1300

（d）NGC 1300 的图像旋转180°

图46　螺旋星系、NGC 1300的图像及旋转180°后的图像

大多数具有（近似）旋转对称性的星系都是在旋转 180°后对称，但少数星系似乎具有高阶旋转对称性。例如，一个三臂螺旋星系可以在旋转 120° 后对称。这在真实的星系中似乎非常罕见，但它在模拟星系中出现过，并在星系 NGC 7137中被观测到了。银河系的螺旋臂具有大约 90° 的旋转对称性。

雪　花

1611 年，约翰内斯·开普勒（Johannes Kepler）送给他的赞助商马修·瓦克（Mathew Macken）一份新年礼物：他写的一本小书——《论六角形的雪花》。开普勒的主要目标是论证雪花具有六重对称性。如图 47 所示，雪花的形状繁多，这更加令人困惑。注意到图 47 右下角的图像具有三重对称性，而不是六重，这表明其他形状也是可能的。

开普勒基于实验和已知事实推断出，雪花的"形成原理"一定与紧密堆积的球体相关——就像桌子上非常多的硬币自然地堆积成蜂窝状一样。现在的解释是这样的：相关形式的冰的晶格由略微凹凸的层组成，其主要对称性是六重对称性。这就创造了一个六边形的"种子"，雪花在其上生长。雪花确切的形状受风暴云的温度和湿度的影响。这些温度和湿度变化混乱，但是因为雪花非常小，在六个角都具备非常相似的条件。因此，六重（即 D_6）对称性保持了一个良好的近似值。但是，不稳定因素会破坏对称性，其他物理过程在不同的气象条件下也会发挥作用。

图 47 威尔逊·本特利（Wilson Bentley）拍摄的雪花，发表于 1902 年的《每月天气评论》

其他模型

自然界中的许多其他形式和模式都证明了产生它们的过程的对称性。地球大致是球形的，因为它是由新生太阳周围的气体圆盘凝结而成的。熔岩球的自然最小能量结构是一个球体，这与凝结过程围绕质量中心的对称性有关。从更细的角度看，地球两极变平是因为它在熔融状态下以轴为中心旋转。对称性从球形变为圆形，并出现了上下反射，从而产生了一个旋转的椭球体。

1956年，艾伦·图灵（Alan Turing）因在布莱切利公园所做的密码工作而闻名，他写了一篇论文，提出了关于动物标记形成的数学模型，例如豹子身上的斑点和老虎身上的条纹是如何形成的。他的想法是，一些化学的扩散和反应系统（他称之为形态发生素）在胚胎中奠定了无形的预模型；后来通过对应于预模型的色素蛋白转化为可见的模型。图灵在这些反应扩散方程上做了大量的工作。大多数自然兽纹都可以通过这种方程产生。汉斯·迈因哈特（Hans Meinhardt）在《海洋贝壳的算法之美》中从这个角度对贝壳上的花纹进行了广泛的研究。还需要做更多的工作（如遗传效应），以使模型更加逼真，但目前已经朝着这个方向采取了一些措施。

实验室中的实验揭示了一对非凡的反应扩散方程中的模式。这个模式产生于别洛乌索夫－扎博廷斯基反应（Belousov–Zhabotinskii反应，简称B–Z反应），B–Z反应以其发现者鲍里斯·别洛乌索夫（Boris Belousov，20世纪

50年代发现）和阿纳托尔·扎博廷斯基（Anatol Zhabotinskii，1961年重新发现）命名。如果在一个浅盘中将三种特定的化学物质混合在一起，再加上第四种根据反应是氧化反应还是还原反应而从蓝色变成红色的化学物质，液体就会变成蓝色，然后变成均匀的橙红色。然而，几分钟后，蓝色斑点会出现并扩大。当它们变得足够大时，它们的中心会出现红色斑点，很快盘子里就有了几个缓慢扩大的"目标图案"，并带有连续的蓝色和红色环。如果受到干扰，这些环可能会破裂，并卷曲成旋转的螺旋，螺旋也慢慢成长。B-Z反应已被广泛研究，不少论文应用了对称性破裂方法。这些预测了时间周期模式的三种对称类型都特别自然：一种具有圆形对称性，一种是旋转波，一种具有反射对称性。所有状态都可能是稳定的，但旋转波和具有反射对称性这两种状态不能同时稳定。进一步的研究发现，圆对称状态与目标图案有关，而旋转波则与螺旋有关。

　　类似的电活动波也出现在起搏器信号中，以控制心脏的跳动。这里的目标模式是正常的，而螺旋模式则可能致命。因此，我们每个人的体内都有一个系统，它的对称性破坏动态至关重要。

第七章
自然定律

07

阿尔伯特·爱因斯坦曾评论说，自然界最令人惊奇之处在于它是可以被理解的。他的意思是说自然界的基本定律非常简单，很容易被人类的头脑所理解。自然界的行为方式是这些定律作用的结果，而简单的定律有时可以产生极其复杂的行为。例如，太阳系中行星的运动受万有引力和运动定律所支配。这些定律（无论是牛顿的还是爱因斯坦的版本）本身都很简单，但是太阳系并不简单。

这里的"定律"一词有时给人一种不可改变的误导性暗示。但几乎所有科学定律都是暂时的：它是具有高度精确性的有效近似值，而且一直被使用，直到出现更好的定律。

像我们所理解的那样，自然法则最有趣的特征之一是它们的对称性。正如我们在上一章中所看到的，方程（定律）的对称性不一定意味着解（行为）的对称性。一般来说，自然定律通常比自然本身更对称，但定律的对称性可以被打破。这些行为展示的模式正是被打破的对称性所提供的线索。物理学家发现在试图寻找新的自然定律时，这种观察是至关重要的。

***

这方面的一个基本定理就是诺特定理，由艾米·诺特（Emmy Noether）在 1918 年证明。哈密顿系统是没有摩擦力的力学方程的最一般形式。该定理指出，每当哈密顿系统具有连续对称性时，总存在相关的守恒量。"守恒"意味着这个量不随着系统的移动而改变。

例如，能量就是一个守恒量。相应的连续对称，即由连续变量参数化形成的对称群，是一个时间平移。自然定律在任何时候都是一样的：如果把时间 t 平移到 $t+\theta$，定律也不会有任何的不同。从诺特定理证明的具体细节可以看到，相应的守恒量是能量。空间平移（定律在任何地方都一样）对应着动量守恒。旋转是连续对称的另一个来源，这里的守恒量是关于旋转轴的角动量。经典力学专家（牛顿、欧拉、拉格朗日等）发现的更深刻的守恒量都是对称性的结果。

* * *

连续对称性研究的标准设置是李理论，以挪威数学家索菲斯·李（Sophus Lie）的名字命名。由此产生的结构是李群，与李代数相关联。为了激发主要思想，我们考虑特殊正交群 SO（3）这个例子。它包括三维空间中的所有旋转。旋转由固定轴和旋转角度确定。这些变量是连续的，它们可以取任何实数值。所以这个群既有自然的拓扑结构，也有群结构。而且，两者是紧密相连的。如果两对群的元素非常接近，那么它们的乘积也是如此。也就是说，群运算是连续映射。事实上，我们可以对群应用微积分运算，特别是求导数。群算子可证明是可微的。

更强的结果是群具有类似于光滑曲面的几何结构，但具有更高的维度。要确定其维数，需要用两个数来指定其轴旋转（可以说是轴与单位球体的北半球相交的点的经度和纬度），并用第三个数指定角度。所以不用做任何需要认真思考的计算，我们便知道 SO（3）是一个三维空间。

代数上，SO（3）可以被定义为行列式值为 1 的所有 3×3 的正交矩阵的集合。如果 $MM^T = I$，则称矩阵 M 是正交的，

这里 I 是单位矩阵，T 表示矩阵的转置。与另一种类型的矩阵有着重要的联系。任何矩阵 M 的指数都可以使用收敛级数来定义

$$\exp M = I + \frac{1}{2!}M^2 + \frac{1}{3!}M^3 + \cdots + \frac{1}{n!}M^n + \cdots$$

简单的计算表明，SO（3）中的每个矩阵都是反对称矩阵的指数，反对称矩阵满足 $M^T = -M$，反之也成立。

两个正交矩阵的乘积总是正交的，但是两个反对称矩阵的乘积未必是反对称的。但是，两个反对称矩阵的换位子

$$[L, M] = LM - ML$$

总是反对称的。矩阵构成的向量空间在换位子下总是闭的，因此被称为李代数。因此，特殊正交群有与之相关的李代数，且指数映射将李代数映射到该群。

更一般地，李群是任何具有特定类型的几何结构的群。对李群而言，其群运算（乘积，逆）是光滑映射。每一个李群有一个关联的实李代数，它刻画了李群在单位元附近的局部结构。这反过来又决定了复李代数。利用复李代数，可以对一些重要类型的李群进行分类，即确定其结构。第一步是对复单李代数进行分类，它是不包含子代数 K（除了 0 或 L

以外）的复李代数 L，使得 $[L，K] \subseteq K$。这样的子代数称为理想，这个性质类似于正规子群的李代数。

1890 年，威廉·基灵（Wilhelm Killing）得到了所有复单李代数的完全分类。此分类现在以邓金图的形式呈现（图 48），它指定某些被称为根系的几何结构。每个复单李代数有一个根系，这完全决定了它的结构。有 4 个无限族，记作 A_n（$n \geqslant 1$），B_n（$n \geqslant 2$），C_n（$n \geqslant 3$）和 D_n（$n \geqslant 4$）。此外，还有 5 个例外图，分别记为 G_2，F_4，E_6，E_7 和 E_8。这些代数的维数（作为 C 上的向量空间）见表 8。

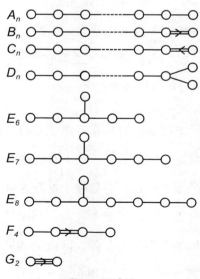

图 48　邓金图

表 8 复单李代数的维数

李代数	维数	李代数	维数
A_n	$n(n+2)$	F_4	52
B_n	$n(2n+1)$	E_6	78
C_n	$n(2n+1)$	E_7	133
D_n	$n(2n-1)$	E_8	248
G_2	14		

分类定理中出现的 4 个无限族可以实现为换位子运算下矩阵的李代数。A_n 型代数是特殊线性李代数 $Sl_{n+1}(\mathbf{C})$，它由所有迹（对角线元素之和）为 0 的 $(n+1) \times (n+1)$ 复矩阵构成。B_n 型代数由斜对称 $(2n+1) \times (2n+1)$ 复矩阵构成，记作 $SO_{2n+1}(\mathbf{C})$。C_n 型代数由辛 $2n \times 2n$ 复矩阵构成，记作 $Sp_{2n}(\mathbf{C})$。D_n 型代数由斜对称 $2n \times 2n$ 复矩阵构成，记为 $SO_{2n}(\mathbf{C})$。这些是可以用块形式写成的矩阵：

$$\begin{bmatrix} X & Y \\ Z & -X^{\mathrm{T}} \end{bmatrix}$$

这里 X, Y, Z 是 $n \times n$ 矩阵，Y 和 Z 是对称的。

复单李代数是单李群分类的基础，但是从实数到复数的过程中引入了一些复杂性，因为李群的几何结构是根据实坐标定义的。每个单李代数都有各种各样的"实形式"，这些形式对应于不同的群。此外，对于每种实形式，群的选择仍然有一定的自由：同构群的中心具有相同的李代数。尽管如此，还是可以得到一个完整的画面。

＊ ＊ ＊

李群并不总是单的。一个熟悉的例子就是平面上所有刚体运动生成的欧几里得群 $E(2)$。它有一个包括所有平移的子群 $\mathbf{R}^2$，而且这个群是正规的。$E(2)$ 还包含所有旋转和反射，它是三维的。群 $E(n)$ 具有相似的性质，具有维数 $n(n+1)/2$。牛顿力学方程在欧几里得群下是对称的，在时间平移下也是对称的，诺特定理解释了经典守恒量的存在，如上所述，经典守恒量是连续子群的结果。

经典（即非相对论）力学中另一个重要的群是伽利略群，它用于将两个不同的坐标系（参考系）联系起来，它们相对于彼此做匀速运动。现在，除了欧几里得群中的变换，我们还需要与匀速运动相对应的变换。

从现代观点来看，经典力学中最具影响力的对称性是那些与威廉·罗文·哈密顿（William Rowan Hamilton）用单一函数重述经典力学有关的对称性。我们称之为系统的哈密顿函数。它可以解释为系统的能量，表示为位置坐标和动量坐标的函数。适当的变换可证明是辛的。现在经典力学中的先进的研究都是在辛几何的框架内完成的。

另一个与欧几里得群非常相似的李群出现在狭义相对论中。在这里，三维空间中通常的平方距离函数

$$d^2 = x^2 + y^2 + z^2$$

被时空中事件之间的间隙

$$d^2 = x^2 + y^2 + z^2 - c^2 t^2$$

所代替，这里 t 是时间。

比例因子 c^2 只是改变了时间测量的单位，但它前面的负号却极大地改变了数学和物理学。固定原点并保持时间间隔不变的时空变换群以物理学家亨德里克·洛伦兹（Hendrik Lorentz）的名字命名，被称为洛伦兹群。洛伦兹群具体说明了相对运动在相对论中如何起作用，并导致了相对论的反直觉特征。当物体接近光速时，物体会缩小，时间会减慢，质

量会增加。

＊＊＊

一个多世纪前，大多数科学家还不相信物质是由原子组成的。随着实验和理论支持的增多，原子理论开始受到尊重，后来被普遍接受。原子（这个词在希腊语中就是这个意思）最初被认为是不可分割的，后被发现是由三种粒子组成的：电子、质子和中子。每个原子中每种粒子的数量决定了它的化学性质，并解释了门捷列夫的元素周期表。但很快其他粒子也加入了游戏：中微子，它很少与其他粒子相互作用，可以在不知不觉中穿过地球；正电子，由反物质构成，与电子相反；等等。很快，所谓的"基本"粒子的数量就超过了元素周期表中的元素数量。

同时，人们清楚地认识到自然界中存在四种基本类型的力：引力、电磁力、弱核力和强核力。力由粒子"携带"，而粒子则与量子场有关。场遍布整个空间，并随时间而变化。粒子是微小的场的局部簇，而场是活跃的粒子团。场就像海洋，粒子就像孤立波。例如，光子就是与电磁场相关的粒子。

波和粒子是不可分割的，缺一不可。

随着这幅图景慢慢地、一步步地被拼凑出来，对称性所起的至关重要的作用也越来越凸显。对称性组织了量子场，因此也组织了与之相关的粒子。从这项活动中我们产生了关于真正的基本粒子的最佳理论。它被称为标准模型（图49）。粒子分为四种：费米子和玻色子（具有不同的统计特性），夸克和轻子。电子仍然是基本粒子，但质子和中子不是，它们由6种不同的夸克组成。中微子有3种类型，电子则由另外两种粒子所伴随：μ介子和τ介子。光子是电磁力的载体；Z-玻色子和W-玻色子携带弱核力。胶子携带强核力。

如前文所述，该理论预测所有粒子的质量为零，这与观察结果不一致。最后一块拼图是希格斯玻色子，它赋予粒子质量。希格斯玻色子的场与所有其他场的不同之处在于它在真空中不为零。当粒子通过希格斯场时，它与场的相互作用会赋予粒子行为，我们将其解释为质量。2012年，大型强子对撞机探测到符合理论的新粒子：希格斯玻色子。需要进一步的观察来确定它是否与预测的粒子完全对应，或者是否可能导致新物理学的某种变体。

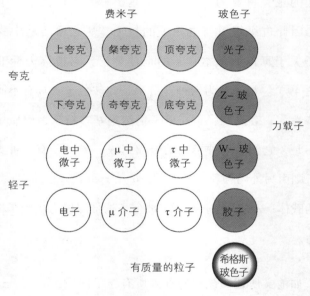

图 49　标准模型的粒子

　　对称性对于粒子的分类至关重要，因为量子系统的可能状态在某种程度上是由基本方程的对称性决定的。具体来说，重要的是对称群如何作用于量子波函数空间。系统的"纯状态"（观测结果出现的时候可被发现的状态）对应于方程的特殊解，我们将其称为特征函数，并可以从对称群中计算出来。其算法非常复杂，但这个故事可以用一般术语来讲解。

一个有用的类比是傅里叶分析，它将任何 2π 周期函数表示为变量整数倍的正弦和余弦函数的线性组合。对应到复数情形，就是任何 2π 周期函数都可以表示为具有复系数的指数 e^{nix} 的无穷级数。这里相关的对称群由 x 模 2π 的所有平移组成，在物理上表示周期函数的相移。得到的群 $R/2\pi Z$ 同构于圆周群 $SO（2）$，因此整个构造在由所有以 2π 为周期的函数构成的向量空间上的 $SO（2）$ 相移作用下是对称的。傅里叶分析起源于数学物理中对热方程和波动方程的研究工作，这些方程有 $SO（2）$ 对称性，通过周期解上的相移实现。对特定的 n，解 e^{nix} 是特殊解；在波动方程的大背景下，这些函数——更确切地说，是它们的真实部分——作为正常振动模式尤其为人熟知。在音乐中，振动对象是一根弦，简正模式是基本音符及其谐波。

为了更深入地解释其算法，我们考虑 $SO（2）$ 如何作用于周期函数的空间。这是一个实向量空间，具有无限维数。简正模式生成子空间，这些子空间是二维的，但零模式除外，这时子空间是一维的。这个空间的（实）基由函数 $\cos nx$ 和 $\sin nx$ 生成。当 $n=0$ 时，省略正弦项，因为它是零，并且余弦是常数。每个这样的子空间在对称群下都是不变的——也就是说，对应于简正模式波的相移是简正模式波。这在复坐标系中很容易证明，因为 $e^{ni(x+\varphi)}=e^{ni\varphi}e^{nix}$，而 $e^{ni\varphi}$ 是一个复常数。在实坐标系中，$\cos x+\varphi$ 和 $\sin x+\varphi$ 都是 $\cos x$ 和 $\sin x$ 的线性组合。

从几何学角度看，$\theta \in SO（2）$ 在由 e^{nix} 张成的子空间上的作用是通过角度 $n\theta$ 的旋转得到的。所以每个子空间都提供了 $SO（2）$ 的一个表示，即一个与它同构的线性变换群，或者更一般地说是它的同态像。线性变换对应于矩阵，如果没有适当的非零子空间在每个这样的矩阵下不变（映射到自身），那么表示称为不可约的。因此，从对称性的角度来看，傅里叶分析所做的是将 $SO（2）$ 在 2π 周期函数空间上的表示分解为不可约表示。由于整数 n 的存在，这些表示都是不同的。

这种构造可以进行推广，$SO（2）$ 可以替换为任何紧致李群。表示论的基本定理断言，此类群的任何表示都可以分解为不可约表示。笔者注意到简正模式 e^{nix} 是由群给出的所有矩阵的特征向量，这是因为 $e^{ni(x+\varphi)} = e^{ni\varphi}e^{nix}$，而 $e^{ni\varphi}$ 是一个常数。

　　量子力学与之类似，但是波动方程被薛定谔方程或量子场方程取代。复数从一开始就内置于形式主义中。简正模式的类似物是特征函数。所以方程的每个解，即模拟系统的每个量子态，都是特征函数的一个线性组合——叠加态。实验和理论表明，叠加态本身是不可观测的，仅个别特征函数可以被观测到。更准确地说，观察叠加是很微妙的，只有在不寻常的情况下才有可能；直到最近，很多人还认为这是不可能的。与此相关的是哥本哈根解释，即任何观察都会以某种方式将状态"坍缩"为特征函数。这个提议引发了准哲学观点，如薛定谔的猫及量子力学的多世界解释。然而这里我们所需要的是基础数学，它告诉我们可观察到的状态对应于方程的对称群的不可约表示。在粒子物理学中，可观察到的状态是粒子，所以对称群及其表示是粒子物理学的基本特征。

　　从历史上看，对称性在粒子物理学中的重要性可以追溯到赫尔曼·魏尔（Hermann Weyl）试图统一电磁力和引力的尝试。他建议恰当的对称性应该是空间尺度或"标准"的变化。这个方法没有成功，但是朝永振一郎（Tomonaga

Shinichiro）、朱利安·施温格（Julian Schwinger）、理查德·费曼（Richard Feynman）和弗里曼·戴森（Freeman Dyson）将其修改并获得了第一个电磁学的相对论量子场论——基于"规范对称" U（1）群。这个理论被称为量子电动力学。

下一个重要步骤是发现八重法[①]，它统一了当时被认为是最基本的 8 种粒子：中子、质子、λ 粒子、3 个不同的 Σ 粒子和 2 个 Ξ 粒子。图 50 展示了这些粒子的质量、电荷、超电荷和同位旋。（这些词的含义并不重要：它们都是表征某些量子特性的数字。）这 8 种粒子自然地分为 4 个族，每个族中的超电荷和同位旋是一样的，质量也差不多。它们是

单峰：λ 粒子；

双峰：中子、质子；

双峰：两个 Ξ 粒子；

三重峰：三个 Σ 粒子。

其中"单""双""三重"表示每个族中有多少粒子。

八重法使用群 U（3）的特定八维不可约表示来解释这个由八个粒子组成的"超级家族"，这种选择具有良好的物理动

---

① 八重法是李群 SU（3）的伴随作用于粒子物理学的名称。——译者注

机。忽略时间会破坏某个子群 SU（3）的对称性。SU（3）的
表示分解为 4 个不可约子空间，维度分别为 1，2，2，3。这
些维度中的每一个都对应于某一个族。由于 SU（3）的对称性，
同一族中的粒子——即对应于 SU（3）的相同不可约表示——
具有相同的质量、超电荷和同位旋。相同的思想可应用于不
同的十维表示，它预测了一种当时未知的新粒子的存在，这
种新粒子被称为 ω-。当我们在粒子加速器实验中观察到这
一点时，对称法被广泛接受了。

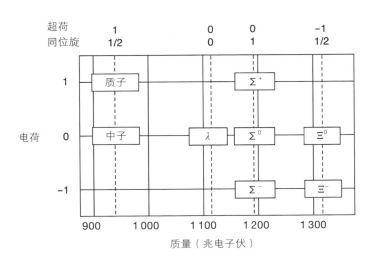

图 50　由八重法组织起来的粒子家族

基于这些想法，阿卜杜勒斯·萨拉姆（Abdus Salam），谢尔顿·格拉肖（Sheldon Glashow）和史蒂文·温伯格（Steven Weinberg）设法统一了具有弱核力的量子电动力学。除了具有 $U(1)$ 规范对称性的电磁场，他们引入了与四个基本粒子相关的场，所有这些粒子都是玻色子。这个新场的规范对称性形成 $SU(2)$ 群，并且联合对称群是 $U(1) \times SU(2)$，这里 $\times$ 表示两个群独立作用。这个结果被称为电弱理论。

随着量子色动力学的发明，强核力也被纳入其中。它假定强核力存在第三个量子场，具有 $SU(3)$ 规范对称性。将这三个场及其三个群结合起来，就得出标准模型，其对称群为 $U(1) \times SU(2) \times SU(3)$。$U(1)$ 对称性是精确的，但另外两个是近似的。目前认为它们在很高的能量下，其对称会变得非常精确。所有三个群都包含对称连续族。诺特定理告诉我们守恒量与这些相关联。结果证明它们是各种与夸克相关的"量子数"，如电荷、同位旋和超电荷。实际上整个粒子物理学可以利用量子世界的这些基本对称性来解释。

* * *

有一种力仍然没被提及：引力。应该有一个粒子与引力场有关。如果它存在，则称它为引力子。然而，将引力与量子色动力学统一起来不仅仅是将另一个群添加到组合中的问题。目前的引力理论是广义相对论，这不太符合形式主义。即便如此，对称原则还是加强了关于统一的最著名的尝试之一：超弦理论（通常称为弦理论）。"超"是指一种推测的对称类型，称为超对称性，它为每个普通粒子关联了一个超对称伙伴。

弦理论通过振动"弦"来取代点粒子，弦最初被视为圆，但现在被认为是更高维的。超对称性的加入导致超弦。截至 1990 年，理论研究已经提出了五种可能类型的超弦理论，分别称为 I ， IIA ， IIB ， HO 和 HE 型。相应的对称群被称为规范群，它们分别是特殊正交群 SO （32）， 酉群 U （1）， 平凡群 SO （32）和 $E_8 \times E_8$ 。所有五种类型中，空间需要有六个额外维度——可能蜷缩得太紧，以至于我们无法观察到它们，或者可能我们无法接近，因为我们被限制在一个四维时空"膜宇宙"中。

不久之后，爱德华·威滕（Edward Witten）将所有五种理论统一为一个具有七个额外维度的 M 理论。尽管物理学家付出了很多努力，但还没有找到超弦理论的可靠证据。无论它们在基础物理学中的命运如何，超弦理论都极大地丰富了数学的理论体系。

人们在过去和现在都在研究弦理论的许多替代方案。计算基本粒子之间碰撞特性的新方法大大简化了弦理论的应用。它还恢复了早期试图将引力与其他三种自然力统一起来的、被称为超引力的尝试。这在 20 世纪 80 年代基本上被放弃了，因为被认为会导致无意义的非线性量。但新方法表明，至少一些旧的计算具有误导性。新方法被称为统一性方法。

一种替代方法已经使用了很多年。它基于代表粒子碰撞的费曼图。即使最简单的碰撞也涉及无穷多的费曼图，因为量子力学允许额外的粒子暂时出现，然后再次消失。这些"虚拟粒子"不能直接被观察到，但它们在计算中会产生额外的项，即所有可能的费曼图的总和。费曼将这种方法引入量子电动力学，这里无穷级数收敛得相当快，因此可以忽略对应于复杂图的项。但是在量子色动力学中，更强的耦合力使得序列收敛得更慢，项数会激增。

然而，神秘的是，最终结果往往非常简单。大量的项似

乎被抵消了。利用概率的基本属性，单一方法摆脱了所有这
些项：所有可能选择的总概率必须为 1。涉及数百万个费曼图
的总和被一页纸上的公式所取代。该方法还使用了对称原理
和新的组合思想。

超引力与弦理论不同，它将粒子表示为点。1995 年左右，
斯蒂芬·霍金（Stephen Hawking）建议重新审视超引力，因
为超引力的计算似乎产生了一些不想要的结果，其中涉及一
些没有根据的假设。但使用费曼图进行更准确的计算是不可
能的。例如，包含三个虚拟引力子的碰撞需要对 1 020 项求和。
2007 年，我们发现使用归一法可以将这个数字减少到不到
20 项。准确的计算从此变得可行，并且事实证明，20 世纪
80 年代怀疑的一些缺陷并没有发生。有趣的是，到目前为止
进行研究的例子中，引力子的行为就像胶子的两个拷贝。打个
比方，引力就像强核力的平方。如果此特征是真的，而不是简
单的巧合的相互作用，这将意味着引力比我们想象的更像其他
三种力。它甚至可能导致一个新的、计算上易于处理的统一
场论。

第八章
对称原子

19 世纪最伟大的科学成就之一是门捷列夫对元素周期表的发现。元素周期表将物质的基本组成元素归纳为具有相似性质的物质集合。这些基本成分是化学分子，简而言之，它们就是原子，并被统称为元素。到了 20 世纪，事实证明原子本身是由较小的亚原子粒子组成的，但在此之前，原子被定义为不可分割的物质粒子。事实上，原子的名称在希腊语中表示"不可分割"。迄今为止，已经确定了 118 个元素，其中 98 个是天然存在的，其余是在核反应中合成的。后者都是放射性的（前者中的 18 种也是如此），而且大多数元素的寿命都非常短暂。

再打个简单的比方，每个有限对称群都可以用明确定义的方式，被分解为"不可分割"的对称群。这些对称群的基本构件块被称为单群——不是因为它们简单，而是指它们"不是由几个部分组成的"。正如原子可以组合成分子一样，这些单群可以组合起来构建出所有的有限群。

20 世纪最伟大的数学成就之一是发现了具有对称性的周期表。这张周期表包含无穷多个群，但其中大多数群都被排列为族。此外，一些单群不属于任何族。它们是数学"孤儿"，注定要过孤独的生活，这些被称为零星群的古怪的"绝无仅有的事物"一共有 26 个。

首个对有限单群分类定理的证明发表在《数学期刊》上，这篇论文大约有 10 000 页。此后，它被重新修改，不断简化证明，现在完成后估计有 5 000 页。更为简化的第三代证明正在研究中。但是，很明显，任何证明都必定异常冗长，因为答案本身就很复杂。令人惊讶的是它竟然能够完成，更令人惊讶的是只需要 5 000 页。

* * *

在第四章中，我们介绍了从较大的群中提取较小群的两种不同方法，这两种方法都是由群论的早期先驱发现的。这些概念中最常用的是子群，它是群的一个子集，它本身也是一个群。第二个概念是商群,我们看到它与一类被称为正规子群的特殊子群相关联。回想一下,将商群形象化的直观方法是在概念上给群元素着色。如果两个给定颜色的元素结合在一起,所得结果的颜色总是相同的,那么这两种颜色本身就构成了商群。相应的正规子群由所有具有相同颜色的元素组成。每个具有多于一个元素的群至少有两个商群。在一个群中,我们使用相同的颜色为所有元素着色,那么商群只有唯一一个元素。在另一个群中,我们使用不同的颜色为所有元素着色,商群就是原始群。如果这些都是唯一的商群,那么我们说原始群是单的。

除了素数阶循环群外,最小的单群是具有 60 个元素的交错群 A_5。这个群同构于在第三章中讨论的十二面体旋转对称群。第三章中的表 5 包含 A_5 是单群的简短、精炼的证明的基本信息。其关键思想在于如果某个群的正规子群包含一个元素,例如 h,那么它也一定包含所有共轭元素 $g^{-1}hg$,其中 g 取遍整个群的所有元素。回想一下,从几何角度来说,共轭意味着"在另一个位置做同样的事情"。因此,相同类型的对称是相互共轭的。这些"共轭类"的大小分别是 1,12,12,15 和 20。任何正规子群都必须是这些共轭类的组合。而且,它必须包含单位元素（含有一个元素的类），并且根据拉格朗日定理，其阶数必须可以除 60。所以我们寻找方程的解时用 1+（从 12，12，15，20 中任选一个数）除 60，很容易证明唯一的解是

$$1 = 1$$

$$1 + 12 + 12 + 15 + 20 = 60$$

因此，唯一的正规子群是单位元素群和整个子群，这意味着它是单群。

通过将 A_5 共轭类联系到置换分解为循环，我们可以把相同的论证直接应用于 A_5，还有其他方法可以证明它是单群。伽罗瓦理论的现代论述利用 A_5 的单性来证明五次方程不能用根式求解。撇开一大堆重要的技术性问题不谈，主要观点是提取一个自由基等价于形成方程的对称群的一个循环商群。如果没有非平凡的真商群，也就没有循环商群，因此就没有简化方程的根式。

单群大致类似于素数。在数论中，每个整数都可以写成素因数的乘积；此外，除了出现的顺序，这些素因数都是唯一的。对于有限群，也有一个类似的说法，即乔丹－霍尔德

（Jordan–Holder）定理。这个定理指出，任何有限群都可以分解为单群的有限列表，并且除了它们出现的顺序，这些"组合因子"都是唯一的。更准确地说，对于任何有限群 G，都存在一个子群链

$$1 = G_0 \subseteq G_1 \subseteq G_2 \subseteq \cdots \subseteq G_r = G$$

使得每个商群 G_{m+1}/G_m 是单群。例如，如果 $G = S_n$ 且 $n \geqslant 5$，则这样的链为

$$1 \subseteq A_n \subseteq S_n$$

分解因子为

$$A_n/1 \cong A_n, \quad S_n/A_n \cong Z_2$$

利用 S_2、S_3 和 S_4 的性质可以推导出一元二次方程、一元三次方程和一元四次方程的根，这在巴比伦和意大利文艺复兴时期都是已知的。使用类似的方法，高斯发现了一种对正十七边形只使用圆规和直尺作图的构造方法。我们现在利用 GF（17）的非零元素乘法群的分解因子来解释他的方法。

* * *

我们可以通过将素因数相乘来唯一地从其素因数中恢复任何数字。对于群来说，情况并非如此。许多不同的组可以

有相同的组成因数。因此，与素因数分解的类比太松散了。不过单群在群论中的作用就像素数在群论中的作用一样重要。

　　一个更接近的类比是我们已经暗示过的：分子和原子。每个分子都由一组独特的原子组成，但一组给定的原子可能对应于许多不同的分子，例如乙醇和二甲醚就是一个简单的例子。两者都是由六个氢原子、两个碳原子和一个氧原子组成的。然而，这些原子以两种不同的方式连接在一起（图 51）。这是单群是有限群的原子这一隐喻的一个正当理由。

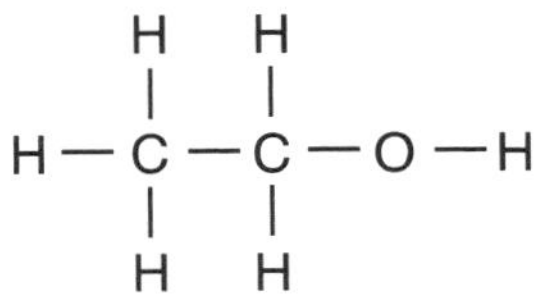

（a）乙醇 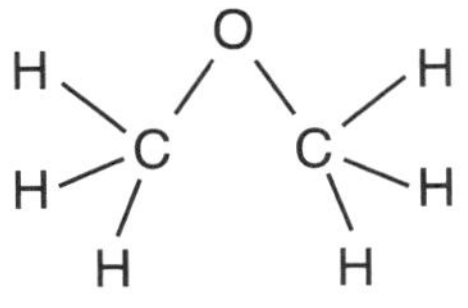　　　　　　　　　　（b）二甲醚

图 51　乙醇和二甲醚的分子结构

　　从伽罗瓦时代开始，190 多年来，代数学家一直在寻找单群。最明显的这类群是阶为素数 p 的循环群 Z_p。直到"群"和"单群"被定义后，这些群才被确定为单群。但它们为什么是单群的原因——类似素数没有真因子——可以追溯到欧几里得。与所有其他单群不同，循环群是阿贝尔群。

　　伽罗瓦在 1832 年发现了第一个非阿贝尔的单群：二维射影特殊线性群 $PSL_2(p)$，它与具有素数 $p \geqslant 5$ 个元素的有限域上的几何有关。这些群类似于李群 $PSL_2(\mathbf{R})$ 和 $PSL_2(\mathbf{C})$，它们是域 $\mathbf{R}$ 和 $\mathbf{C}$ 上的 2×2 矩阵群，以单位阵的标量倍数为模，只不过 $\mathbf{R}$ 和 $\mathbf{C}$ 被有限域 $GF(p)$ 所代替。他很快就认识到当 $n \geqslant 5$ 时交错群 A_n 是单群。最小的非阿贝尔单群是 A_5，其阶数为 60。其次最小的非阿贝尔单群是 $PSL_2[GF(7)]$，其阶数为 168。

　　接下来要发现的单群是不属于任何具有密切相关性质的单群族，我们现在称之为零星群。1861 年，埃米尔·马蒂厄（Emile Mathieu）发现了第一个零星群，即现在以他的名字命名的 M_{11} 和 M_{12}。它们分别包含 7 920 和 95 040 个元素。构造它们的一种方法是使用被称为施泰纳系统的组合结构。例如，（5，6，12）施泰纳系统是具有 12 个元素的集合的六元素子集的集合，即每个五元素子集恰好出现在其中一个六元素子集中。在同构的意义下，恰好只有一个这样的系统。构造它的一种方法是从 $GF(11)$ 开始，整数模 11。因为 11 是素数，这是一个有限域。在无穷远点 ∞ 处添加第 12 个点。这 12 个点组成一个有限几何体，称为射影线。从射影线到它自身有一些自然映射，如分数线性变换（就像 **C** 上的莫比乌斯变换）：

$$z \rightarrow \frac{az+b}{cz+d}$$

其中 a，b，c，$d \in GF（11）$，我们将 1/0 理解为 ∞。

要形成六元素子集，取所有方形 {0，1，3，4，5，9} 的集合，并应用所有可能的分数线性变换。我们会得到一个包含 132 个子集的列表，每个子集有 6 个元素。利用 $GF（11）$ 的代数可以证明每个五元素子集恰好出现在其中一个六元素子集中。

然而马蒂厄群 M_{12} 可以定义为该施泰纳系统的对称群，即 {0，1，2，3，4，5，6，7，8，9，10，11，∞} 的置换群，将列表中的每个六元素子集映射到列表中的另一个六元素子集。M_{11} 是固定一个点的子群。马蒂厄还以类似的方式发现了另外三个零散单群。M_{24} 是（5，8，24）施泰纳系统的对称群，M_{23} 是固定一个点的子群，M_{22} 是固定两个点的子群。

马蒂厄群具有相对大的阶数，无法用纸笔记录。然而，根据零散单群的标准，马蒂厄群很小。1973 年由伯恩德·费舍尔（Bernd Fischer）和罗伯特·格里斯（Robert Griess）预测、1982 年由格里斯构造的"大魔群"，有 808 017 424 794 512 875 886 459 904 961 710 757 005 754 368 000 000 000 个元素——大约 8×10^{53} 个元素。它是一个奇特的代数结构——格里斯代数——的对称群。

尽管存在这些复杂性，但早期的发现还是代表了完整的列表。我们现在知道，每个有限单群都是以下之一：

（1）素数阶循环群。

（2）$n \geqslant 5$ 的交错群 A_n。

（3）16 个群族，类似于用有限域代替 **R** 或 **C** 的单李群，以克劳德·谢瓦莱（Claude Chevalley）的名字命名为谢瓦莱类型群。这些群族中的许多群都是以前建造的，但是谢瓦莱发现了一个统一的描述，从而产生了新的群族。这些群族中的 9 个现在被称为谢瓦莱群。定义它们并不仅仅是用矩阵群和改变领域的问题，但这正是激发这个想法的动机。

（4）26 个零星群——与马蒂厄群类似。

群的列表本身并不是特别有用；详细信息可以很容易地在互联网上找到。表 9 列出了零星有限单群，并说明了为什么"零星"是一个合理的名称。除最后两个群外，其余所有群都是以发现者的名字命名的。

这一分类是在 1955 年至 2004 年间通过大约一百名数学家的共同努力而获得的,最终遵循丹尼尔·戈伦斯坦(Daniel Gorenstein)提出的方案。正如前面所述,我们已经找到了一个更精简的版本,并且正在进一步简化。分类法的复杂性和庞大的证明证明了数学的力量及数学工作者的奉献和坚持。这是我们关于对称性日益增长的理解中最令人印象深刻的高潮之一。

表 9　26 个零星有限单群

符号	名称	阶数
M_{11}	马蒂厄群	$2^4, 3^2, 5, 11$
M_{12}	马蒂厄群	$2^6, 3^3, 5, 11$
M_{22}	马蒂厄群	$2^7, 3^2, 5, 7, 11$
M_{23}	马蒂厄群	$2^7, 3^2, 5, 7, 11, 23$
M_{24}	马蒂厄群	$2^{10}, 3^3, 5, 7, 11, 23$
J_1	杨科群	$2^3, 3, 5, 7, 11, 19$
HJ	霍尔－杨科群	$2^7, 3^3, 5^2, 7$
HJM	希格曼－杨科－麦凯群	$2^7, 3^5, 5, 17, 19$
J_4	杨科群	$2^{21}, 3^3, 5, 7, 11^3, 23, 29, 31, 37, 43$
Co_1	康维群	$2^{21}, 3^9, 5^4, 7^2, 11, 13, 23$
Co_2	康维群	$2^{18}, 3^6, 5^3, 7, 11, 23$

（续表）

符号	名称	阶数
Co_3	康维群	2^{10}, 3^7, 5^3, 7, 11, 23
Fi_{22}	费舍尔群	2^{17}, 3^9, 5^2, 7, 11, 13
Fi_{23}	费舍尔群	2^{18}, 3^{13}, 5^2, 7, 11, 13, 17, 23
Fi_{24}	费舍尔群	2^{21}, 3^{16}, 5^2, 7^3, 11, 13, 17, 23, 29
MS	希格曼－西姆斯群	2^9, 3^2, 5^3, 7, 11
McL	麦克劳克林群	2^7, 3^6, 5^3, 7, 11
He	霍尔德群	2^{10}, 3^3, 5^2, 7^3, 17
Ru	鲁德瓦利斯群	2^{14}, 3^3, 5^3, 7, 13, 29
Suz	铃木群	2^{13}, 3^7, 5^2, 7, 11, 13
ONS	奥南－西姆斯群	2^9, 3^4, 5, 7^3, 11, 19, 31
HN	原田－诺顿群	2^{14}, 3^6, 5^6, 7, 11, 19
LyS	里昂－西姆斯群	2^8, 3^7, 5^6, 7, 11, 31, 37, 67
Th	汤普森群	2^{15}, 3^{10}, 5^3, 7^2, 13, 19, 31
B	小魔群	2^{41}, 3^{13}, 5^6, 7^2, 11, 13, 17, 19, 23, 31, 47
M	大魔群	2^{46}, 3^{20}, 5^9, 7^6, 11^2, 13^3, 17, 19, 23, 29, 31, 41, 47, 59, 71

* * *

最初，对有限单群的分类本身就是目的。这显然是可以作为未来数学家研究基础的重要的基本信息。他们也不完全清楚将要研究什么：如果我们知道研究将走向何方，那就不是研究了。有一些关于其潜在的应用的推测，但在分类完成之前，这些只能是推测。现在已经作出了分类，应用已经出现了。他们利用分类作为结果证明的关键部分，这些结果未明确提到单群。有些属于群论之外的领域。

1983 年，该分类被用来证明查尔斯·西姆斯（Charles Sims）在 1967 年提出的猜想，该猜想提供了本原置换群的某些子群的大小的界。证明需要有关谢瓦莱类型群的详细信息，但不涉及零星群。

另一种应用是单群和素数之间的联系，与最大子群有关：比整个群小的子群，并且没有任何子群严格介于两者之间。子群的指标是群的阶除以子群的阶。1982 年，彼得·卡梅隆（Peter Cameron）、彼得·纽曼（Peter Neumann）和 D. N. 蒂格（D. N. Teague）使用分类法证明了在给定大小 x 下的整数的数目，即最大子群（除了 S_n 和 A_n 中指标为 n 的子群）的指标，渐近于 $2x/\log x$，这意味着当 x 趋于无穷大时公式的精确数与公式之比趋于 1。

第三种应用，由于与纠错码的联系，其在计算机科学中的重要性正在迅速增长。图是由顶点和边连接而成的集合。

一个图称为一个扩展，如果与一个给定的顶点子集相邻，而且又不在该子集中的顶点的数目至少是该子集的大小乘以某个固定的非零常数。子集不应太大（至多是整个图中点数的一半），否则相邻顶点的数量会变得太小。扩展器族是一系列扩展图，其大小趋于无穷大，它们都具有相同的常数。

人们已经知道存在许多扩展器族，但这一证明是基于随机图是扩展器的概率，并没有给出明确的例子。由于分类定理的存在，现在情况已经改变，分类定理表明与有限单群相关的某些图是扩展器。它们被称为凯莱图，它们依赖于选择一个群的生成元集：充分多的元素，通过将它们相乘来获得所有其他元素。1989年，拉斯洛·巴拜（Laszlo Babai），威廉·坎特（William Kantor）和亚历克斯·卢博茨基（Alex Lubotzk）猜想，对于每一个正常数，存在一个数k，使得每个非循环有限单群至多有k个生成元的集合，其凯莱图是具有给定常数的扩展器。经过许多数学家的共同努力，现在已经证明了这一点，其中第一个突破是马丁·卡萨博夫（Martin Kassabov）在2007年取得的。

＊＊＊

对称性的故事和由它产生的数学及理论的用途，表明了简单而深刻的概念如何带来非常强大的理论和重大的科学进步。然而，从原始概念到这些进步的道路并不是冲向新的领域的坦途。在其价值被证实之前，我们要跟着感觉走，去尝试踏入未知的领域。自然、科学和理论数学可以结合在一起，为我们所居住的宇宙提供新的见解。最重要的是，对对称性的探索提供了一个精彩的例子，说明美丽的自然界如何引导我们探索美丽的科学和美丽的数学。

名词表

| 氨基酸 | amino acid |
| 奥斯卡·摩根斯特恩 | Oskar Morgenstern |

B

八边形	octagon
八面体群	octahedral group
八重法	eightfold way
巴克敏斯特富勒烯	buckminsterfullerene
保罗·鲁菲尼	Paolo Ruffini
鲍里斯·别洛乌索夫	Boris Belousov
彼得·卡梅隆	Peter Cameron
彼得·纽曼	Peter Neumann
变换	transformation
变换群	group of transformations
标准模型	standard model
表示	representation
别洛乌索夫 – 扎博廷斯基反应	Belousov-Zhabotinskii reaction
波	wave
伯恩德·费舍尔	Bernd Fischer
伯恩赛德引理	Burnside's lemma
伯特伦·费尔根豪尔	Bertram Felgenhauer
博弈论	game theory
不变量	invariant
不对称原理	dissymmetry principle
不可约的	irreducible

布拉维晶格	Bravais lattice
布兰科·格伦鲍姆	Branko Grunbaum
步态	gait

C

彩虹	rainbow
查尔斯·佩维	Charles Pevey
查尔斯·西姆斯	Charles Sims
超对称	supersymmetry
超弦	superstring
超引力	supergravity
抽象群	abstract group

D

D.N. 蒂格	D.N. Teague
大卫·罗马诺	David Romano
大卫·辛马斯特	David Singmaster
大型强子对撞机	Large Hadron Collider
带状群	frieze pattern
丹尼尔·戈伦斯坦	Daniel Gorenstein
丹尼尔·谢特曼	Daniel Schechtman
单群	simple group
单位	identity
单斜晶系	monoclinic lattice system

单一方法	unitarity method
德米特里·门捷列夫	Dmitri Mendeleev
等边三角形	equilateral triangle
等边三角形的对称性	symmetry of equilateral triangle
邓金图	Dynkin diagram
电磁力	electromagnetic force
电弱理论	electroweak theory
电子	electron
动量守恒	conservation of momentum
动物标记	animal markings
对称的定义	definition of symmetry
对称群	symmetric group
对称群	symmetry group
对称性破缺	symmetry breaking
对数螺旋	logarithmic spiral
踱步	pace

E

二次方程	quadratic equation
二面体群	dihedral group
二十面体的对称性	symmetries of icosahedron
二十面体群	icosahedral group

怪物	monster
光子	photon
广义相对论	general relativity
规范	gauge
规范群	gauge group
轨道	orbit
轨道计数定理	orbit-counting theorem

H

哈密顿系统	Hamiltonian system
汉斯·迈因哈特	Hans Meinhardt
何塞·玛丽亚·蒙特西诺斯	Jose Maria Montesinos
赫伯特·科西姆巴	Herbert Kociemba
赫尔曼·魏尔	Hermann Weyl
亨德里克·洛伦兹	Hendrik Lorentz
亨利·庞加莱	Henri Poincare
横向奔跑	transverse gallop
横向沙丘	transverse dune
宏	macro
滑移反射	glide reflection
化学	chemistry
环	ring
换位子	commutator
混合策略	mixed strategy

晶体	crystal
晶体群	crystallographic group
晶体学	crystallography
晶体学限制	crystallographic restriction
径直起跳	pronk
镜面	mirror plane
镜像线	mirror line
矩形晶格	rectangular lattice

K

卡尔·弗里德里希·高斯	Carl Friedrich Gauss
开尔文勋爵	Lord Kelvin
凯莱图	Cayley graph
克劳德·谢瓦莱	Claude Chevalley
空间群	space group
库尔特·雷德迈斯特	Kurt Reidemeister
夸克	quark
块	cubie
扩展器	expander
扩张	dilation

L

拉丁方块	Latin square
拉斐尔·佩雷斯 – 戈麦斯	Rafael Perez-Gomes

拉格朗日定理	Lagrange's theorem
拉格朗日解式	Lagrange resolvent
拉吉·钱德拉·博斯	Raj Chandra Bose
拉斯洛·巴拜	Laszlo Babai
莱昂·霍尔	Leon Hall
莱昂哈德·欧拉	Leonhard Euler
蓝闪蝶	*Morpho didius*
棱镜	prism
李代数	Lie algebra
李群	Lie group
理查德·费曼	Richard Feynman
理想	ideal
立方晶系	cubic lattice system
利兰·斯坦福	Leland Stanford
量子	quantum
量子场	quantum field
量子电动力学	quantum electrodynamics
量子色动力学	quantum chromodynamics
菱形晶格	rhombic lattice
菱形晶系	rhombohedral lattice system
零散单群	sporadic group
六边形晶格	hexagonal lattice
六边形晶系	hexagonal lattice system
六次方程	sextic equation
卢卡·宾迪	Luca Bindi

路易斯·巴斯德	Louis Pasteur
轮子	wheel
罗伯特·格里斯	Robert Griess
罗杰·彭罗斯	Roger Penrose
螺旋	spiral
洛伦兹群	Lorentz group
驴桥	bridge of asses
驴桥定理	pons asinorum

M

M 理论	M-theory
马蒂亚斯·赖斯	Matthias Rice
马丁·戈鲁比茨基	Martin Golubitsky
马丁·卡萨博夫	Martin Kassabov
马修群	Mathieu group
慢跑	canter
面	facet
魔方	Rubik cube
魔方群	Rubik group
莫比乌斯变换	Mobius transformation
莫比乌斯几何	Mobius geometry
莫利·戴维森	Morley Davidson
目标模式	target pattern

平移	translation

Q

七边形	heptagon
棋盘	chessboard
强核力	strong nuclear force
乔丹 – 霍尔德定理	Jordan-Holder theorem
乔治·波利亚	George Polya
轻子	lepton
球	sphere
圈	loop
全对称	holohedry
群的定义	definition of group
群的阶	order of a group
群论	group theory

R

让 – 巴蒂斯特·比奥特	Jean-Baptiste Biot
绕数	winding number
弱核力	weak nuclear force

S

赛义德·扬·阿巴斯	Syed Jan Abas
三次方程	cubic equation
三角形晶格	triangular lattice

斯蒂芬·霍金	Stephen Hawking
斯坦·瓦根	Stan Wagon
四次方程	quartic equation
四方晶系	tetragonal lattice system
四面体的对称性	symmetries of tetrahedron
四面体群	tetrahedral group
四足动物	quadruped
素数	prime number
算数模 n	arithmetic modulo n
索菲斯·李	Sophus Lie

T

塔马斯·瓦尔加	Tamas Varga
塔马斯·维克迪	Tamas Vekerdy
弹跳	stot
汤姆·戴维斯	Tom Davis
特殊正交群	special orthogonal group
跳跃	bound
同构	isomorphism
同构的	isomorphic
同伦类	homotopy class
同态	homomorphism
统一场论	unified field theory
托马斯·罗基基	Tomas Rokicki
拓扑	topology
椭圆	ellipse

椭圆的对称性	symmetry of ellipse
椭圆函数	elliptic function
椭圆模函数	elliptic modular function

W

Wirtinger 表示	Wirtinger presentation
威尔逊·本特利	Wilson Bentley
威廉·基灵	Wilhelm Killing
威廉·坎特	William Kantor
威廉·罗文·哈密顿	William Rowan Hamilton
威廉·斯托里	William Story
威廉·约翰逊	William Johnson
五次方程	quintic

X

希格斯玻色子	Higgs boson
狭义相对论	special relativity
弦理论	string theory
相移	phase shift
小跑	trot
小行星带	asteroid belt
斜方晶格	oblique lattice
斜方晶系	orthorhombic lattice system
谢尔顿·格拉肖	Sheldon Glashow
谢瓦莱类型群	Chevalley type group

谢瓦莱群	Chevalley group
心脏	heart
辛	symplectic
新月形沙丘	barchan dune
星系	galaxy
星形沙丘	star dune
行走	walk
形态发生素	morphogen
性选择	sexual selection
旋转	rotation
旋转奔跑	rotary gallop
薛定谔的猫	Schrodinger's cat
薛定谔方程	Schrodinger's equation
雪花	snowflake
循环	cycle
循环群	cyclic group

Y

亚伯拉罕·林肯	Abraham Lincoln
亚里士多德	Aristotle
亚历克斯·卢博茨基	Alex Lubotzky
叶夫格拉夫·费奥多洛夫	Evgraf Fedorov
伊迪丝·穆勒	Edith Muller
伊斯兰艺术	Islamic art
引力	gravity
鹦鹉螺	*Nautilus*

鱿鱼	*Cocinastarias calamaria*
有限单群的分类	classification of finite simple groups
有限群	finite group
余弦	cosine
域	field
元素的阶	order of an element
原子	atom
圆	circle
圆锥体	cone
约翰·德思里奇	John Dethridge
约翰·冯·诺依曼	John von Neumann
约翰内斯·开普勒	Johannes Kepler
约瑟夫·路易斯·拉格朗日	Joseph Louis Lagrange
陨石	meteorite

Z

朝永振一郎	Shinichiro Tomonaga
折射	refraction
整数模 n	integers modulo n
正 n 边形	regular n-gon
正八面体的对称性	symmetries of octahedron
正电子	positron
正多面体	regular solid
正方形	square
正方形的对称性	symmetry of square
正方形晶格	square lattice

正规子群	normal subgroup
正交	orthogonal
正交群	orthogonal group
正十二面体的对称性	symmetries of dodecahedron
正十七边形	seventeen-sided regular polygon
正弦	sine
指数	exponential
质子	proton
置换群	permutation group
中枢模式发生器	central pattern generator
中子	neutron
周期	cycle
朱利安·施温格	Julian Schwinger
准晶体	quasicrystal
子群	subgroup
自然法则	law of Nature
自然法则的对称性	symmetry in natural laws
自然界的对称性	symmetry in Nature
纵向沙丘	longitudinal dune
组合	composition

其他

$-\Omega$	Omega-minus

"走进大学" 丛书书目

什么是金属材料工程?

王　清　大连理工大学材料科学与工程学院教授

李佳艳　大连理工大学材料科学与工程学院副教授

董红刚　大连理工大学材料科学与工程学院党委书记、教授(主审)

陈国清　大连理工大学材料科学与工程学院副院长、教授(主审)

什么是功能材料?　李晓娜　大连理工大学材料科学与工程学院教授

董红刚　大连理工大学材料科学与工程学院党委书记、教授(主审)

陈国清　大连理工大学材料科学与工程学院副院长、教授(主审)

什么是自动化?　王　伟　大连理工大学控制科学与工程学院教授
国家杰出青年科学基金获得者(主审)

王宏伟　大连理工大学控制科学与工程学院教授

王　东　大连理工大学控制科学与工程学院教授

夏　浩　大连理工大学控制科学与工程学院院长、教授

什么是计算机?　嵩　天　北京理工大学网络空间安全学院副院长、教授

什么是人工智能?　江　贺　大连理工大学人工智能大连研究院院长、教授
国家优秀青年科学基金获得者

任志磊　大连理工大学软件学院教授

什么是土木工程?　李宏男　大连理工大学土木工程学院教授
国家杰出青年科学基金获得者

什么是水利?　张　弛　大连理工大学建设工程学部部长、教授
国家杰出青年科学基金获得者

什么是化学工程?　贺高红　大连理工大学化工学院教授
国家杰出青年科学基金获得者

李祥村　大连理工大学化工学院副教授

什么是矿业?　万志军　中国矿业大学矿业工程学院副院长、教授
入选教育部"新世纪优秀人才支持计划"

什么是纺织?　伏广伟　中国纺织工程学会理事长(作序)

郑来久　大连工业大学纺织与材料工程学院二级教授

什么是轻工?　石　碧　中国工程院院士
四川大学轻纺与食品学院教授(作序)

平清伟　大连工业大学轻工与化学工程学院教授

什么是海洋工程？ 柳淑学　大连理工大学水利工程学院研究员

　　　　　　　　　　　入选教育部"新世纪优秀人才支持计划"

　　　　　　李金宣　大连理工大学水利工程学院副教授

什么是船舶与海洋工程？

　　　　　　张桂勇　大连理工大学船舶工程学院院长、教授

　　　　　　　　　　　国家杰出青年科学基金获得者

　　　　　　汪　骥　大连理工大学船舶工程学院副院长、教授

什么是海洋科学？ 管长龙　中国海洋大学海洋与大气学院名誉院长、教授

什么是航空航天？ 万志强　北京航空航天大学航空科学与工程学院副院长、教授

　　　　　　杨　超　北京航空航天大学航空科学与工程学院教授

　　　　　　　　　　　入选教育部"新世纪优秀人才支持计划"

什么是生物医学工程？

　　　　　　万遂人　东南大学生物科学与医学工程学院教授

　　　　　　　　　　　中国生物医学工程学会副理事长(作序)

　　　　　　邱天爽　大连理工大学生物医学工程学院教授

　　　　　　刘　蓉　大连理工大学生物医学工程学院副教授

　　　　　　齐莉萍　大连理工大学生物医学工程学院副教授

什么是食品科学与工程？

　　　　　　朱蓓薇　中国工程院院士

　　　　　　　　　　　大连工业大学食品学院教授

什么是建筑？　齐　康　中国科学院院士

　　　　　　　　　　　东南大学建筑研究所所长、教授(作序)

　　　　　　唐　建　大连理工大学建筑与艺术学院院长、教授

什么是生物工程？ 贾凌云　大连理工大学生物工程学院院长、教授

　　　　　　　　　　　入选教育部"新世纪优秀人才支持计划"

　　　　　　袁文杰　大连理工大学生物工程学院副院长、副教授

什么是物流管理与工程？

　　　　　　刘志学　华中科技大学管理学院二级教授、博士生导师

　　　　　　刘伟华　天津大学运营与供应链管理系主任、讲席教授、博士生导师

　　　　　　　　　　　国家级青年人才计划入选者

什么是哲学？　林德宏　南京大学哲学系教授

　　　　　　　　　　　南京大学人文社会科学荣誉资深教授

　　　　　　刘　鹏　南京大学哲学系副主任、副教授

什么是经济学？　原毅军　大连理工大学经济管理学院教授

什么是经济与贸易？

　　　　　　　　黄卫平　中国人民大学经济学院原院长

　　　　　　　　　　　　中国人民大学教授(主审)

　　　　　　　　黄　剑　中国人民大学经济学博士暨世界经济研究中心研究员

什么是社会学？　张建明　中国人民大学党委原常务副书记、教授(作序)

　　　　　　　　陈劲松　中国人民大学社会与人口学院教授

　　　　　　　　仲婧然　中国人民大学社会与人口学院博士研究生

　　　　　　　　陈含章　中国人民大学社会与人口学院硕士研究生

什么是民族学？　南文渊　大连民族大学东北少数民族研究院教授

什么是公安学？　靳高风　中国人民公安大学犯罪学学院院长、教授

　　　　　　　　李姝音　中国人民公安大学犯罪学学院副教授

什么是法学？　　陈柏峰　中南财经政法大学法学院院长、教授

　　　　　　　　　　　　第九届"全国杰出青年法学家"

什么是教育学？　孙阳春　大连理工大学高等教育研究院教授

　　　　　　　　林　杰　大连理工大学高等教育研究院副教授

什么是小学教育？刘　慧　首都师范大学初等教育学院教授

什么是体育学？　于素梅　中国教育科学研究院体育美育教育研究所副所长、

　　　　　　　　　　　　研究员

　　　　　　　　王昌友　怀化学院体育与健康学院副教授

什么是心理学？　李　焰　清华大学学生心理发展指导中心主任、教授(主审)

　　　　　　　　于　晶　辽宁师范大学教育学院教授

什么是中国语言文学？

　　　　　　　　赵小琪　广东培正学院人文学院特聘教授

　　　　　　　　　　　　武汉大学文学院教授

　　　　　　　　谭元亨　华南理工大学新闻与传播学院二级教授

什么是新闻传播学？

　　　　　　　　陈力丹　四川大学讲席教授

　　　　　　　　　　　　中国人民大学荣誉一级教授

　　　　　　　　陈俊妮　中央民族大学新闻与传播学院副教授

什么是历史学？　张耕华　华东师范大学历史学系教授

什么是林学？　　张凌云　北京林业大学林学院教授

　　　　　　　　张新娜　北京林业大学林学院副教授

什么是动物医学?	陈启军	沈阳农业大学校长、教授
		国家杰出青年科学基金获得者
		"新世纪百千万人才工程"国家级人选
	高维凡	曾任沈阳农业大学动物科学与医学学院副教授
	吴长德	沈阳农业大学动物科学与医学学院教授
	姜 宁	沈阳农业大学动物科学与医学学院教授
什么是农学?	陈温福	中国工程院院士
		沈阳农业大学农学院教授(主审)
	于海秋	沈阳农业大学农学院院长、教授
	周宇飞	沈阳农业大学农学院副教授
	徐正进	沈阳农业大学农学院教授
什么是植物生产?	李天来	中国工程院院士
		沈阳农业大学园艺学院教授
什么是医学?	任守双	哈尔滨医科大学马克思主义学院教授
什么是中医学?	贾春华	北京中医药大学中医学院教授
	李 湛	北京中医药大学岐黄国医班(九年制)博士研究生
什么是公共卫生与预防医学?		
	刘剑君	中国疾病预防控制中心副主任、研究生院执行院长
	刘 珏	北京大学公共卫生学院研究员
	么鸿雁	中国疾病预防控制中心研究员
	张 晖	全国科学技术名词审定委员会事务中心副主任
什么是药学?	尤启冬	中国药科大学药学院教授
	郭小可	中国药科大学药学院副教授
什么是护理学?	姜安丽	海军军医大学护理学院教授
	周兰姝	海军军医大学护理学院教授
	刘 霖	海军军医大学护理学院副教授
什么是管理学?	齐丽云	大连理工大学经济管理学院副教授
	汪克夷	大连理工大学经济管理学院教授
什么是图书情报与档案管理?		
	李 刚	南京大学信息管理学院教授
什么是电子商务?	李 琪	西安交通大学经济与金融学院二级教授
	彭丽芳	厦门大学管理学院教授

什么是工业工程？ 郑　力　清华大学副校长、教授(作序)

周德群　南京航空航天大学经济与管理学院院长、二级教授

欧阳林寒　南京航空航天大学经济与管理学院研究员

什么是艺术学？ 梁　玖　北京师范大学艺术与传媒学院教授

什么是戏剧与影视学？

梁振华　北京师范大学文学院教授、影视编剧、制片人

什么是设计学？ 李砚祖　清华大学美术学院教授

朱怡芳　中国艺术研究院副研究员

什么是有机化学？ [英]格雷厄姆·帕特里克（作者）

西苏格兰大学有机化学和药物化学讲师

刘　春（译者）

大连理工大学化工学院教授

高欣钦（译者）

大连理工大学化工学院副教授

什么是晶体学？ [英] A. M. 格拉泽（作者）

牛津大学物理学荣誉教授

华威大学客座教授

刘　涛（译者）

大连理工大学化工学院教授

赵　亮（译者）

大连理工大学化工学院副研究员

什么是三角学？ [加]格伦·范·布鲁梅伦（作者）

奎斯特大学数学系协调员

加拿大数学史与哲学学会前主席

雷逢春（译者）

大连理工大学数学科学学院教授

李风玲（译者）

大连理工大学数学科学学院教授

什么是对称学？ [英]伊恩·斯图尔特（作者）

英国皇家学会会员

华威大学数学专业荣誉教授

刘西民（译者）

　　大连理工大学数学科学学院教授

李风玲（译者）

　　大连理工大学数学科学学院教授

什么是麻醉学？　[英]艾登·奥唐纳（作者）

　　英国皇家麻醉师学院研究员

　　澳大利亚和新西兰麻醉师学院研究员

毕聪杰（译者）

　　大连理工大学附属中心医院麻醉科副主任、主任医师

　　大连市青年才俊

什么是药品？　[英]莱斯·艾弗森（作者）

　　牛津大学药理学系客座教授

　　剑桥大学 MRC 神经化学药理学组前主任

程　昉（译者）

　　大连理工大学化工学院药学系教授

张立军（译者）

　　大连市第三人民医院主任医师、专业技术二级教授

　　"兴辽英才计划"领军医学名家

什么是哺乳动物？[英]T.S.肯普（作者）

　　牛津大学圣约翰学院荣誉研究员

　　曾任牛津大学自然历史博物馆动物学系讲师

　　牛津大学动物学藏品馆长

田　天（译者）

　　大连理工大学环境学院副教授

王鹤霏（译者）

　　国家海洋环境监测中心工程师

什么是兽医学？　[英]詹姆斯·耶茨（作者）

　　英国皇家动物保护协会首席兽医官

　　英国皇家兽医学院执业成员、官方兽医

马　莉（译者）

　　大连理工大学外国语学院副教授

什么是生物多样性保护?

[英]大卫·W.麦克唐纳（作者）

牛津大学野生动物保护研究室主任

达尔文咨询委员会主席

杨　君（译者）

大连理工大学生物工程学院党委书记、教授

辽宁省生物实验教学示范中心主任

张　正（译者）

大连理工大学生物工程学院博士研究生

王梓丞（译者）

美国俄勒冈州立大学理学院微生物学系学生